Linguistische
Arbeiten 145

Herausgegeben von Hans Altmann, Herbert E. Brekle, Hans Jürgen Heringer, Christian Rohrer, Heinz Vater und Otmar Werner

Sprache und Text

Akten des 18. Linguistischen Kolloquiums
Linz 1983

Band 1

Herausgegeben von Herwig Krenn,
Jürgen Niemeyer, Ulrich Eberhardt

Max Niemeyer Verlag
Tübingen 1984

CIP-Kurztitelaufnahme der Deutschen Bibliothek

Sprache und Text : Linz 1983 / hrsg. von Herwig Krenn . . . - Tübingen : Niemeyer, 1984.
(Akten des . . . Linguistischen Kolloquiums ; 18, Bd. 1)
(Linguistische Arbeiten ; 145)
NE: Krenn, Herwig [Hrsg.]; Linguistisches Kolloquium: Akten des . . . . . . ; 2. GT

ISBN 3-484-30145-7 ISSN 0344-6727

Printed in Germany. Druck: Weihert-Druck GmbH, Darmstadt.

INHALTSVERZEICHNIS

Vorwort IX

1. GRAMMATIK UND GRAMMATIKTHEORIE
LINGUISTISCHE THEORIE UND SYNTAX

GEORG ANDERS: Mit Kuhn für eine Paradigmenvielfalt in der Linguistik 1

ABRAHAM P. TEN CATE: Aspektdiskriminierung durch Daueradverbien 12

KARL-RÜDIGER HARNISCH: Ich - DU - ER/SIE/ES und ER/SIE/ES - SIE (PL). Zur Neutralisierung syntaktischer Merkmale in markierten Kategorien 23

KARL-HERMANN KÖRNER: Deutsche Dialekte und fremde Sprachen. Teil III: Pronominale Subjektsenklise 35

HERWIG KRENN: Die Verbum Primo Loco - Hypothese oder Vorschläge für eine Theorie zur Genese des Teilungsartikels in den Romanischen Sprachen 45

SIGMUND KVAM: Zur Syntax der Partizipialkonstruktionen im Deutschen. Ein Vergleich mit den Infinitivkonstruktionen 65

MARIE-LOUISE LIEBE-HARKORT: A Comparison of Apachean Languages, Exemplified by the Verb Stem System for Handling Verbs 77

PETER ROLF LUTZEIER: Fragen an das System der temporalen Konjunktionen 93

HARTMUT POTT: Zum Ausdruck der Temporalität 105

GÜNTER ROHDENBURG: Attributive Adjektive mit Infinitiven im Englischen 118

RICHARD WIESE: Akzentprinzipien des Deutschen 131

2. TEXTLINGUISTIK

KÄTHI DORFMÜLLER-KARPUSA: Text-Constitutive Connective Relations and Their Manifestation........................ 141

PIERRE LECLERE: Zur Beschreibung der Ausdrücke mit "DIRE". Textfunktionen, Lexikographie, koversationelle Implikaturen und Sprechakte............................ 152

KAZIMIERZ A. SROKA: Formatives, Functives and Values of Grammatical Categories................................ 164

3. SEMANTIK

HUBERT CUYCKENS: Prototypes in Lexical Semantics: An Evaluation.. 174

GERHARD REULE: Bedeutungen als Muster................... 183

KLAUS ROBERING: Syntaktische Formalismen in der spieltheoretischen Semantik................................ 193

ELISABETH RUDOLPH: Das Mitteilungsziel als Faktor bei der Wahl konnektiver Relationen und Ausdrücke........... 205

INHALTSVERZEICHNIS

Vorwort IX

4. SPRECHAKTTHEORIE

RENATE BARTSCH: Normkonflikte in Kommunikationssituationen.... 1

UWE HINRICHS: Argumente für eine Hörakttheorie.... 14

EBERHARD OCKEL: Untersuchung des Vorlesens.... 26

MANFRED PETERS: Sprachliches Handeln und befreiende Erziehung.... 43

ECKARD ROLF: Indikatoren zur Qualifizierung von Äußerungen, mit denen sprachliche Informationshandlungen realisiert werden können.... 53

ANNELY ROTHKEGEL: Thematisieren als Texthandlung.... 63

AGNES SPECK, SABINE STITZ: Entweder Du liebst mich oder ich bring mich um.... 74

WOLFGANG SUCHAROWSKI: Konkurrierende Kommunikationsschemata.... 91

RÜDIGER VOGT: Probleme der Analyse subkultureller Sprachpraxis - am Beispiel eines Leserbriefs aus der "Tageszeitung".... 105

5. SPRACHERWERB

ANGELA D. FRIEDERICI: Die Entwicklung syntaktischer Verarbeitungsprozesse im Sprachverstehen beim Kinde.... 118

ANNICK DE HOUWER: Repairs and the Use of the Monitor in Early Second Language Acquisition.... 130

STEFAN KUTSCH: DFG - Projekt Gastarbeiterkommunikation. Longitudinalstudien zum ungesteuerten Zweitsprachenerwerb ausländischer Kinder.... 143

6. PHONETIK UND PHONOLOGIE

HANS CHRISTIAN LUSCHÜTZKY: Zur natürlichen Phonologie der Affrikaten.................................. 155

7. SOZIOLINGUISTIK UND SPRACHPSYCHOLOGIE

PETER HANS NELDE: Réflexions écolinguistiques à propos de la Vieille-Belgique 166

GUNTER PRESCH: Verschlüsselte Formulierungen in Arbeitszeugnissen: Beschreibung und Erklärung von verdeckten Urteilen.. 176

KATHARINA SEIFERT: Gibt es eine "natürliche" Hierarchie der Pluralmorphemtypen auch in der psychologischen Realität.. 190

8. DIDAKTIK DER GRAMMATIK

JÜRGEN HANDKE: Functional and notional aspects of subordination...................................... 202

FLORIAN MENZ: Schicht- und herkunftsspezifische Unterschiede bei der Textplanung. Quantitative Ergebnisse einer Pilotstudie................................. 215

9. FACHSPRACHE

ALICJA SAKAGUCHI: Sprachwissenschaft und Interlinguistik. Einige Bemerkungen zum Humboldt'schen Doppelbegriff von 'ergon' und 'energeia'................................ 226

VORWORT

Das 18. Linguistische Kolloquium, dessen Organisation und Durchführung wir bei der Brüsseler Vollversammlung im Herbst 1982 übernommen hatten, brachte insofern auch ein Novum mit sich, als es zum ersten Mal in seiner nunmehr achtzehnjährigen Geschichte in der Alpenrepublik stattfand. Etwas ungewöhnlich mag die Tatsache gewesen sein, daß wir als Bochumer RUB-Angehörige das Kolloquium in dem etwa 9oo km entfernten Linz veranstaltet haben. Mit der Ruhr-Universität hätte uns sicherlich ein kompetenter und kooperativer Partner bei der Durchführung zur Verfügung gestanden. In Bochum hat aber bereits ein Kolloquium stattgefunden, das damals von den RUB-Germanisten vorbereitet wurde.
Wir hatten auch die Hoffnung, daß durch ein Kolloquium in Linz, das wir liebevoll "LiLiKo" getauft hatten, wegen der geographischen Nähe zum südlichen romanischen Raum und den osteuropäischen Staaten ein neuer und größerer Interessentenkreis "erschlossen werden könnte". Wie sich beim Kolloquium dann herausstellen sollte, war diese Hoffnung allerdings trügerisch gewesen. Selbst die Hausmacht Österreich war nicht allzu stark vertreten, wenn man von einigen Teilnehmern aus der Hauptstadt absieht. Umso erfreulicher war für uns dann die große Zahl von Kolloquiumsteilnehmern aus dem norddeutschen Raum, aus den Benelux-Staaten und aus Skandinavien. Vielleicht eine noch unentdeckte Gesetzlichkeit des schon fast ehrwürdigen Linguistischen Kolloquiums: Linguisten brauchen lange Anreisewege, um so richtig warm zu laufen...?
Wie in all den vergangenen Jahren war auch das Linzer Linguistische Kolloquium ein Forum, in dem jeder Linguist - ob etabliert oder nicht - seine Forschungsergebenisse einem größeren Fachpublikum vorstellen konnte. Die Thematik der Vorträge war weit gespannt; in den Hörsälen der Pädagogischen Akademie der Diözese Linz herrschte eine familiäre und freundliche Atmosphäre. Die Stadt Linz zeigte sich von ihrer besten Seite; speziell für Phonetiker war wieder die berühmte Klangwolke zu hören.
Wir haben auch zwei Mal den Versuch einer Podiumsdiskussion unternommen: es gab eine Pro/Contra-iskussion zur Frage des Lateins an Schule und Hochschule und eine zweite Diskussion über die Rolle der Grammatik im Sprachunterricht.

Der vorliegende Band enthält die Beiträge der Sektionen "Grammatik/ Grammatiktheorie, Linguistische Theorie und Syntax", "Textlinguistik" und "Semantik".

Im zweiten Band der "Akten", der gleichzeitig erscheint, sind die Beiträge der Sektionen "Sprechakttheorie", "Spracherwerb", "Phonetik/Phonologie", "Soziolinguistik/Sprachpsychologie", "Didaktik der Grammatik" und "Fachsprache" abgedruckt.

Herwig Krenn Jürgen Niemeyer Ulrich Eberhardt

MIT KUHN FÜR EINE PARADIGMENVIELFALT IN DER LINGUISTIK

Georg Anders

1. In der folgenden Arbeit werden Beiträge von Dell Hymes, W. Keith Percival und J. R. Searle diskutiert, die sich mit der Tauglichkeit der Kuhnschen Ansicht von der Entwicklung der Wissenschaften für die Sprachwissenschaftsgeschichtsschreibung auseinandersetzen.

Dell Hymes ist sich mit Parcival darin einig, daß Kuhns Konzept des Paradigmas in der Geschichte der Sprachwissenschaft nicht zu finden ist. Aufgrund dieser Inadäquatheit wird die Kuhnsche Theorie zurückgewiesen. Im einzelnen lauten die Argumente der genannten Wissenschaftler wie folgt: Die Geschichte der Sprachwissenschaft zeigt, so führt Dell HYMES (1974: 10 / 12) aus, daß eine paradigmatische Gemeinschaft nicht existiert, die das Äquivalent der Sprachwissenschaft schlechthin geworden sei, daß ganz einfach kein neues Paradigma insofern Erfolg gehabt habe, weil keines umfassende Autorität habe erlangen können.

Die Ansicht, die sich hinter einer derartigen Interpretation des Paradigmabegriffs verbirgt, ist klar. Es wird unterstellt, daß jeder Wissenschaftler einer Disziplin sich genau dem Paradigma zugehörig fühlen muß, dem sich jeder andere (Sprach-) Wissenschaftler verpflichtet sieht. Wenn ein Abschnitt in der Geschichte der Linguistik in den Begriffen eines einzigen Paradigmas beschrieben werden kann, dann müßte das heißen, daß eine tiefgreifende Veränderung z. B. auf dem Gebiet der Computerlinguistik auch Folgen z. B. für historisch- vergleichende Sprachstudien haben müßte, daß beide Disziplinen von ein und demselben Paradigma beherrscht werden (wobei diese Möglichkeit nicht einmal ausgeschlossen werden soll). Da dies für eine facettenreiche Disziplin, wie es die Linguistik (unserer Zeit) ist, kaum zur Voraussetzung gemacht werden kann, dürfte bei Kenntnis der Lage das Unternehmen der Linguistikgeschichtsschreibung unter solcher Voraussetzung als wenig erfolgreich angesehen werden. Mithin hätte Dell Hymes recht - wenn nicht eine plausiblere Lesart der Kuhnschen Arbeit gewonnen werden könnte.

Von der gleichen Voraussetzung wie Hymes geht auch Percival aus. So sei z. B. die generative Grammatik nicht der konzeptuelle Rahmen, der von allen Sprachwissenschaftlern der ganzen Welt akzeptiert würde, zudem seien die generativen Grammatiker selbst in widerstreitende Schulen zerstritten, z. B. in die der generativen und die der interpretativen Semantik. Dabei entgeht Percival, daß ein Paradigma durchaus mehrere Schulen enthalten kann, und so können im Falle der generativen Linguistik beide Schulen koexistieren. In diesem Sinne wird das Verhältnis der beiden Ansätze bereits von Generativisten selbst (vgl. CHOMSKY (1978)) und auch von Historiographen der Linguistik bestimmt (vgl. SEARLE (1974)), und KUHN (1967: 188) führt zu dieser Erscheinung aus: "Es gibt Schulen innerhalb der Wissenschaften, Gemeinschaften, die denselben Gegenstand von miteinander unvereinbaren Standpunkten aus angehen. Doch ... ihre Konkurrenz endet gewöhnlich schnell." Paradigmen (bzw. disziplinäre Matrizen, wie sie später genannt werden), deren Erwerb eine esoterische Wissenschaft ermöglicht, zeichnen sich unter anderen dadurch aus, daß sie einem Gegenstand verpflichtet sind, und daß im angeführten Kuhn-Zitat keine konkurrierenden Pardigmen gemeint sind, legt schon die Formulierung von einer schnell endenden Konkurrenz nahe, die für einen Ablösungsprozeß konkurrierender Paradigmen alles andere als charakteristisch ist. Percivals Schluß, demzufolge die Linguistik entweder ein Feld sei, das es bislang versäumt habe, wissenschaftliche Reife zu erlangen und noch immer interschulischer Rivalität verhaftet sei, oder aber ein Gebiet, das, obwohl wissenschaftlich, sich aus inneren Gründen seiner selbst einer Analyse in Begriffen von Paradigmen entzieht (vgl. PERCIVAL (1976: 289)), kann im Licht der Möglichkeiten, die Kuhn der wissenschaftlichen Entwicklung einräumt, als nicht zwingende Alternative betrachtet werden. Denn Kuhn gesteht eine erste, wenn auch schwache Vielfalt in der Wissenschaft zu, und diese ist an der Sprachwissenschaftsgeschichte als ein Argument für Kuhn nachweisbar.

2. Aber interessanter für die Kuhn-Rezeption wäre eine "starke" Vielfalt in der Sprachwissenschaft, die mit Kuhn rekonstruiert werden könnte.

Von einem wissenschaftlichen Paradigma behauptet Kuhn nicht, daß es eine Disziplin insgesamt definieren muß, er ist wesentlich bescheidener. KUHN (1967: 188f.) fordert von einer durch ein Paradigma erzeugten wissenschaftlichen Gemeinschaft lediglich, daß sie die einzige ist, die für die Verfolgung einer Reihe von gemeinsamen Zielen verantwortlich ist, daß sie ihr eigenes Gegenstandsgebiet hat. Wissenschaftliche Gemeinschaften können sehr klein sein, und wenn KUHN (1967: 189) konstatiert, daß sie nicht einmal einhundert Personen umfassen müssen, dann ist dies das Argument gegen Hymes' und Percivals Grund für die Ablehnung des Paradigmabegriffs. Ein Paradigma definiert nun eine sprachwissenschaftliche Gemeinschaft, die ihr eigenes Gegenstandsgebiet oder Ziel hat, und derer kann es viele geben. Dies wäre eine theoretische "Weichenstellung" für die Möglichkeit der Rekonstruktion einer vielfältigen Linguistik, und der folgende Fall läßt sich nun auch in Kuhnschen Begriffen beschreiben, wohingegen man mit der Hymes/Percivalschen Lesart scheitern müßte.

Betrachten wir also das Anliegen des Berliner Sprachwissenschaftlers Walther Dieckmann, der beabsichtigt, den Zusammenhang zwischen der Entwicklung der Sprache und der allgemeinen historischen Entwicklung zu untersuchen. Mit seiner Fragestellung sieht sich DIECKMANN (1973: 141, Anm. i. T.) aber "... in ausgesprochenem Widerspruch zum Selbstverständnis der sogenannten modernen Linguistik, wenn man darunter jene linguistischen Schulen und Richtungen versteht, die sich im 20. Jahrhundert in Nachfolge Ferdinand de Saussures ... gebildet haben.." Denn nach Dieckmann ist es Aufgabe der diachronischen Linguistik, die Sprache in ihrem historischen Wandel zu untersuchen. Von der synchronischen oder im weitesten Sinne strukturalistischen Linguistik, so fährt DIECKMANN (1973: 141f.) fort, gehen kaum Impulse aus, die zu einer engeren Zusammenarbeit mit der Geschichtswissenschaft führen könnten. "Um der Beziehung zwischen Linguistik und Geschichtsforschung habhaft zu werden, liegt es in dieser Situation nahe, sich der sogenannten traditionellen Linguistik zuzuwenden, da für sie ein ausgesprochenes Interesse an der Diachronie kennzeichnend ist..." (DIECKMANN 1973: 143).

Um es noch einmal zu betonen: Kuhn selbst sieht viele Gruppen von Wissenschaftlern im Rahmen einer wissenschaftlichen Disziplin, und genau mit dieser Interpretation der Kuhnschen Theorie läßt sich das angeführte Ereignis in Kuhns Rahmen beschreiben. D. h., es existiert mindestens eine wissenschaftliche Gemeinschaft von "Synchronisten" und mindestens eine von "Diachronisten".

3. Die Wahl eines wissenschaftlichen Ziels, dem man sich mit Mitteln der diachronischen statt der synchronischen Linguistik zu nähern versucht, wird dann umso interessanter, wenn ein Paradigmenwechsel von diachronischer zu synchronischer Linguistik unterstellt wird. R. H. ROBINS (1967: 200) ist zwar nicht der einzige Wissenschaftshistoriker, der die Entwicklung der modernen Sprachwissenschaft in diesen Begriffen zu explizieren versucht. Aber seine Ausführungen machen zumindest auf die Problematik einer solchen Interpretation aufmerksam. Er schreibt, de Saussure habe eine "Kopernikanische Revolution" hinsichtlich des Gegenstandes der Sprachwissenschaft ausgelöst, obwohl es zwei, so Robins wörtlich, fundamentale und unentbehrliche Dimensionen linguistischer Forschung gebe: die synchronische, in welcher Sprache als in sich selbst abgeschlossenes System der Kommunikation zu einer bestimmten Zeit behandelt würde, und die diachronische, in welcher die Veränderungen, die die Sprachen im Verlauf ihrer Entwicklung durchmachen, behandelt würden.

Besitzt die linguistische Forschung aber zwei fundamentale und unentbehrliche Dimensionen, kann ein Wechsel zwischen konkurrierenden Paradigmen in Kuhns Sinn nicht stattgefunden haben, es sei denn, die diachronische Sprachwissenschaft betreffende Probleme könnten von einer synchronisch operierenden Linguistik erfolgreicher behandelt werden. Überzeugender erscheint aber die Version, derzufolge hier wissenschaftliche Gemeinschaften mit unterschiedlichen Zielen koexistieren. Das ergibt sich aus Robins'Ansicht und Dieckmanns Paradigmenwahl, und wir haben nun ein Beispiel für eine "starke" Vielfalt in der Linguistik, die keine widerlegende Instanz mehr für Kuhn darstellt.

4. Im Gegensatz zu Hymes uhd Percival sieht LABOV (1973: 98) in der generativen Sprachwissenschaft die herrschende linguistische Theorie. Aber er muß einräumen, daß diese nicht mehr das vermag, was Linguistik in den vorhergehenden Jahrzehnten zu leisten vermochte, nämlich Ergebnisse von Sprachwissenschaft z. B. für die Anwendung im Sprachunterricht nutzbar zu machen. Den beiden Formen von Sprachwissenschaft, auf die Labov anspielt, aber unterstellt John R. SEARLE (1974: 405) ein delikates Verhältnis: Er meint, der Wechsel von struktureller zu generativer Linguistik habe sich entsprechend dem allgemeinen Muster, das in Thomas S. Kuhns "Die Struktur wissenschaftlicher Revolutionen" dargelegt ist, vollzogen. Behauptet wird dann nichts geringeres, als daß das strukturalistische Paradigma von dem generativistischen für ungültig erklärt worden ist. Umschreiben wir diesen Gedanken mit einem Beitrag E. F. K. KOERNERs (1976: 708): Chomskys Leistung besteht darin, daß er statische und klassifikatorische Aspekte des Post-Saussurschen Strukturalismus und den vorherrschenden Empirismus sowie die unzulänglichen Generalisierungen, die er bereitstellt, beseitigt hat; daß er die Negierung der Kreativität des Sprachgebrauchs überwunden hat und eine streng formalisierte Art vorschlägt, linguistische Daten zu beschreiben, daß er der Sprachperformanz unterliegende Operationen annimmt, die bis dahin in der Linguistik unbekannt waren. Insgesamt sei Chomsky signifikantester Beitrag zum zeitgenössischen linguistischen Denken die Wiederbelebung einer allgemeinen Theorieorientierung und die Abwendung von induktiven Entdeckungsprozeduren.

Diese Ansicht von der Entwicklung der modernen Sprachwissenschaft deckt sich mit der Searles; will sie aber Beschreibungsadäquatheit beanspruchen, muß sie eine Erklärung für den Sachverhalt bieten, demzufolge Kenneth L. PIKE (1964: 145) im Jahre 1962 erklärte, daß keiner Komponente einer Theorie Bestand zugebilligt werden würde, wenn sie sich nicht in der Feldarbeit bewährt; ihr müßte auch ein Erklärungsansatz für den Sachverhalt zu entnehmen sein, demgemäß zum Zweck der Konstruktion einer negativen Tradition CHOMSKY (1964: 54) noch vor Erscheinen der "Aspects", also vor dem Vollzug des unterstellten Paradigmenwechsels taxonomische Grammatiken als Sproß der strukturellen Linguistik betrachtet; und eine Erklärung ist auch dafür erforderlich, daß im Jahre 1969 die Tagmemische Analyse als Applikation sprachwissenschaftlicher Methoden auf der Ebene der Grammatik vorgeführt wird, wobei i n d u k t i v e Methoden für die Analyse von Sprachen, die auf eindeutigen Sprachkorpora operieren, in den Vordergrund gestellt werden, daß diese praktizierte Form von Sprachanalyse als in höchstem Maße t a x o n o m i s c h bezeichnet wird. Dieses System wird als das bestgeeignete für diejenigen betrachtet, die sich in Sprachanalyse zu üben beginnen, aber auch für Studenten, die zum ersten Mal eine unbekannte Sprache untersuchen (COOK 1969: V).

Gerade Pikes Name weckt Assoziationen, die für die angeschnittene Problematik relevant sind - für eine Pluralität von wissenschaftlichen Gemeinschaften, die sich um wissenschaftliche Ziele gruppieren (man erinnere sich an die Worte Labovs).

Von Pike ist bekannt, daß er Präsident des Summer Institute of Linguistics war, das in den Jahren 1934-1955 Sprachunterricht für viertausendfünfhundert Personen erteilte, die an missionarischer Tätigkeit interessiert waren, daß dasselbe Institut zahlreiche Lernhilfen erstellte, darunter 13 Anleitungen zu Spanischlernen, daß es im Jahre 1959 linguistische Arbeiten durchführte, wiederum in Verbindung mit missionarischer Tätigkeit, die ca. 200 Sprachen und Dialekte berücksichtigte, daß das Institut im Jahre 1972 eine Kapazität erreicht hatte, daß an drei Universitäten der USA und in vier weiteren Ländern jährlich 600 Fremdsprachenschüler ausgebildet werden konnten und daß bislang 440 Sprachen untersucht worden sind.

Es wäre fahrlässig, wollte man die Tätigkeit Pikes mit strukturell sprachwissenschaftlicher Arbeit schlechthin gleichsetzen. Aber darauf kommt es in diesem Zusammenhang auch gar nicht an. Wesentlicher ist die Tatsache, daß Searle in seiner Arbeit "Chomskys Revolution in der Linguistik" durchaus akzeptable Skizzen der strukturellen und der generativen Linguistik zeichnet, soweit die "wissenschaftsinternen" Bereiche betroffen sind. Allein mit Searles Auswahl wissenschaftshistorischer Daten wird aber ein Bild der Sprachwissenschaftsgeschichte suggeriert, die zwei Wissenschaftsparadigmen beinhaltet, und sonst nichts. (Das ansonsten sehr treffende Schaubild von SEARLES (1974: 410) unterstreicht diesen Eindruck nur.) Tatsächlich ist aber die Wissenschaftsgeschichte hier reicher als ihre Rekonstruktion, wie im folgenden Abschnitt gezeigt werden soll.

5. Bereits im Jahre 1952 wendete sich Zellig S. Harris mit seinem "Discourse Analysis Modell" einem transformationellen Sprachbeschreibungsverfahren zu, das Hoffnungen auf Informationen weckte, die die "klassischen" strukturellen Sprachbeschreibungen nicht zu liefern vermochten. Der Mangel der Sprachanalysen, die sich auf die Feststellung der Phomen- und Morphemstruktur der Sprachen beschränkten, wurde dabei so empfunden, daß zwar Techniken zum Studium beliebig langer Sprachspannen vorhanden waren, daß die damit erzielten Ergebnisse über Satzgrenzen jedoch kaum hinausgingen. Dennoch wurde die Beschränkung der Untersuchungen auf die Einheit des Satzes nicht als hinderlich bei der Konstruktion a d ä q u a t e r Grammatiken empfunden: "Die Grammatik gibt die Satzstruktur an; der Sprecher produziert einen bestimmten Satz und hält sich dabei an diese Struktur und liefert dann die entsprechende Folge von Sätzen" (HAARIS 1976: 262).

Wird eine Grammatik deshalb als adäquate Grammtik bezeichnet, weil sie einem Sprecher als Muster dient, um bestimmte Satzstrukturen bilden zu können, führt uns dies zu der Zustandsbeschreibung der amerikanischen Sprachwissenschaft durch Labov und noch vielmehr zu den Daten, die im Zusammenhang mit Pikes "Summer Institute" genannt wurden, zurück. Daten dieser Art legen eine Verbindung von Sprachwissenschaft mit "externwissenschaftlichen" Bereichen nahe, die bei der Zielbestimmung eines Wissenschaftsparadigmas berücksichtigt werden muß. Bleibt die Reaktion auf die strukturelle Sprachwissenschaft eine internwissenschaftliche, die sich nicht als Alternative im Bereich der Wirkungszusammenhänge der strukturellen Sprachwissenschaft empfiehlt, ist das Ziel und somit die wissenschaftliche Gemeinschaft nicht betroffen. Konsequenzen ergeben sich erst dann, wenn über eine interne Revision des Modells von Wissenschaft aussichtsreichere Ergebnisse im ursprünglichen Wirkungszusammenhang ergeben.

Das traf weder für die Diskurs-Analyde noch für Harris´ "Co-occurrence and transformation in linguistic structure - Modell" zu. Zwar wurde der interne Bereich der Sprachwissenschaft einer neuerlichen Revision unterzogen, insbesondere, was den Gegenstand und die Beschreibungsmittel betrifft, aber nicht, um effektivere Methoden auch für den bis dahin gültigen Wirkungszusammenhang des Sprachunterrichts zu finden. Vielmehr wurde versucht, der Sprachwissenschaft einen neue technologische Komponente zu verleihen.

Die letztgenannte Arbeit erschien erstmals im Jahre 1957 und dürfte im Zusammenhang mit dem "Transformations and Discourse-Analysis Projekt" entstanden sein. Dieses startete im Jahre 1957 unter der Leitung von Harris, nachdem im Jahre 1956 eine von der National Science Foundation unterstützte Pilotstudie an der University of Pennsylvania durchgeführt worden war und wurde auch während seiner gesamten Laufzeit von dieser Stiftung gefördert. Dabei waren es einmal mehr wissenschaftsexterne Faktoren, die die Entwicklung bestimmter sprachwissenschaftlicher

Aktivitäten beschleunigten. In den 50er Jahren und auch als Folge des auf der wissenschaftlichen Ebene ausgetragenen Kalten Krieges wuchs das Interesse z. B. an mechanischer Informationsverarbeitung und maschineller Sprachübersetzung im Zusammenhang mit der stürmischen Entwicklung auf den Gebieten Kybernetik, Automaten- und Kommunikationstheorie. Zunehmend an Interesse gewannen Computerwissenschaften, Logik und die Entwicklung formaler Sprachen. Die Möglichkeit zu effektiverer maschineller Informationsanalyse und Übersetzung erhoffte man sich nach der Entdeckung der grammatischen Transformation. Ergebnisse der mathematischen Logik stärkten zusätzlich die Hoffnung, daß auch Grammatiken natürlicher Sprachen ähnlich explizit und präzise wie formale Sprachen beschrieben werden könnten (PLÖTZ 1972: 10)

In diesem Zusammenhang ist sicher bemerkenswert, daß die Reaktion der generativen Linguistik der "Syntactic Structures" auf die strukturelle Sprachwissenschaft vornehmlich eine internwissenschaftlich motivierte war. Die Ebene der deskriptiven, insbesondere aber die der explanativen Adäquatheit, d. h. die Forderung nach Übereinstimmung einer einzelsprachlichen Grammatik mit einer linguistischen Theorie, die dann zum nativistischen Initialzustand erhoben wurde, bewirkten dabei keine Technologisierung im Sinne der strukturellen Linguistik, sondern eher eine Psychologisierung der Sprachwissenschaft. Dies ist die Essenz der Ausführungen LEES´(1957: 408), wenn er ausführt, daß das einfachste Modell, das den sprachlichen Fakten Rechnung tragen kann, den Charakter einer prädikativen Theorie besitzt, womit eingeräumt werden muß, daß die Begriffe von menschlichem Lernen reif für eine raffiniertere Vorstellung seien.

Bei der Berücksichtigung der Kontexte der Sprachwissenschaft, die soeben lediglich angedeutet werden konnten, wird zumindest eines deutlich: Man kann hier schwerlich von konkurrierenden Ansätzen sprechen, da sie viel zu eng mit spezifischen Wirkungsweisen verknüpft sind. Daß aber die Form von Wissenschaft, wie sie von einer wissenschaftlichen Gemeinschaft betrieben wird, durch eine andere nicht getroffen werden konnte, schlägt sich schon in dem Sachverhalt nieder, demzufolge alle genannten Formen von Wissenschaft noch über das Erscheinen der "Aspects" hinaus entwickelt wurden: Das gilt für jene linguistischen Beschreibungsverfahren, die für die Feldarbeit konzipiert worden sind, das gilt für Harris´Transformationstheorie, die zu seiner Kettenanalyse aus dem Jahre 1962 in Bezeihung gesetzt wurde, um ein möglichst weites Problemfeld bei der Konstruktion einer Grammatik abzudecken (HARRIS 1968: 35f.), und das gilt natürlich für Chomskys "Generativismus", dessen "Lectures on government and binding" nur einen weiteren markanten Punkt in der Entwicklung der generativen linguistischen Theorie darstellen dürften.

Searle ist also vorzuwerfen, daß er Tendenzen der Sprachwissenschaft der 50er Jahre in Amerika unberücksichtigt läßt, die ein gewisses Maß an Kontinuität in der Entwicklung von Sprachwissenschaft sichtbar werden lassen, wenn man ihre internen Bereiche betrachtet, die zudem als ausgewogen in ihrer Zeit erscheinen. Hätte er den dynamischen Aspekt und die Ausgewogenheit berücksichtigt, wäre er vielleicht zu dem Ergebnis gekommen, daß, da Sprachwissenschaft aufgrund unterschiedlicher Wirkungsweisen nicht gleich Sprachwissenschaft ist, eine Vielfalt von wissenschaftlichen Gemeinschaften und deshalb auch Paradigmen in der Sprachwissenschaft existiert. Und diese sind nicht zuletzt deshalb lokalisierbar, weil Kuhn ein entsprechendes Muster für die Analyse der Wissenschaftsgeschichte vorgeschlagen hat.

Literatur

CHOMSKY, N., "Current issues in linguistic theory". FODOR,Jerry A., KATZ, Jerrold J., (eds.), (1964):„The structure of language. Reading in the philosophy of language, Prentice Hall

CHOMSKY, N., "Tiefenstruktur, Oberflächenstruktur und semantische Interpretation". CHOMSKY, Noam, (ed.), (1978): "Studien zu Fragen derSemantik". Ullstein

COOK, W. A., (1969): "Introduction to tiegmemic analysis". Holt, Rineheart and Winston

DIECKMANN, W., "Linguistik und Sozialgeschichtsforschung". BARTSCH, Renate, VENNEMANN, Theo, (eds.), "Linguistik und Nachbarwissenschaften". Scriptor, Kronberg/Ts.

HARRIS,Z., S., "Textanalyse". BENSE,. Elisabeth, EISENBERG, Peter HABERLAND, Hartmut, (eds.), (1976):"Beschreibungsmethoden des amerikanischen Strukturalismus". Hueber, München

HYMES, D., "Introduction. Traditions and Paradigms." HYMES, Dell, (ed.), (1974): "Studies in the history of linguistics". Indiana University Press,Bloomington, London

KOERNER, E.F.K., "Towards a historiography of linguistics: 19th and 20th entury paradigms". PARRET, Herman, (ed.), (1976): "History of linguistic thought and contemporary linguistics" Walter de Gruyter, Berlin

KUHN, T. S., (1967): "Die Struktur wissenschaftlicher Revolutionen". Zweite revidierte und um das Postskriptum von 1969 ergänzte Auflage, Suhrkamp, Frankfurt/M.

LABOV, W., "The place of linguistic research in American society" HAMP, Eric P., (ed.), (1973): "Themes in Linguistics: The 1970s".Mouton Publishers, Paris

LEES, R. B.,"Review of Noam Chomsky's syntactic Structures". (1957): "Language 39, S. 375-408

PERCIVAL, W. K., "The applicability of Kuhn's paradigms to the history of linguistics". (1952): Language 1976, Heft 2, S. 285-294

PIKE, K.L., "On systems of grammatical structure". LUNT, H.D., (ed.), (1964): "Proceedings of the ninth International congress of linguistics". Mouton Publishers, Paris

PLÖTZ, S., "Einführung in die Transformationstheorie von Zeelig Harris". PLÖTZ, Senta, (ed.), (1972): "Transformelle Analyse. Die Transformationstheorie von Zellig Harris und ihre Entwicklung." Athenäum, Frankfurt/M.

ROBINS, R.H.,(1967): "A short history of linguistics". Longmans, Green and Co. Ltd., London

SEARLE, J.R., "Chomskys Revolution in der Linguistik". GREWENDORF, Günther, MEGGLE, Georg, (eds.), (1974): "Linguistik und Philosophie". Athenäum, Frankfurt/M.

ASPEKTDISKRIMINIERUNG DURCH DAUERADVERBIEN

Abraham P. ten Cate

0. Daueradverbien[1] spielen in der Argumentation zur Bestimmung der Kategorien 'Aspekt' und 'Aktionsart'[2] eine wichtige Rolle, da sie ein geeignetes 'diagnostisches' Mittel sind Aspektunterschiede festzulegen. Bestimmte Adverbien, nämlich die des Typs stundenlang (zwei Stunden lang, monatelang, usw.) kommen nur in Sätzen vor, die den imperfektiven Aspekt bezeichnen, während andere, nämlich die des Typs in x Stunden, nur in solchen Sätzen, die den perfektiven Aspekt zum Ausdruck bringen, erscheinen können:

(1) Peter sitzt stundenlang in der Bibliothek.

(2) Peter schreibt den Brief in zwei Stunden.

Wie aus (3) und (4) hervorgeht, ist es nicht möglich, die Daueradverbien in diesen Sätzen gegeneinander auszutauschen:

(3) *Peter sitzt in zwei Stunden in der Bibliothek.[3]

(4) *Peter schreibt den Brief zwei Stunden lang.

Merkwürdigerweise hat die Forschung bis jetzt keine ernsthaften Versuche gemacht, für die Distribution der sogenannten 'aspektualen Adverbien' eine Begründung zu liefern[4], wodurch eine Zirkelargumentation entstehen kann: einerseits werden nämlich Daueradverbien als aspektuale Adverbien klassifiziert, weil manche Daueradverbien mit der einen oder anderen Aspektkategorie verträglich sind, während andererseits bestimmte Aspektkategorien unterschieden werden, weil sie mit dem einen oder anderen Adverbtyp verbunden werden können. Die Frage, welche inhaltlichen Eigenschaften der Daueradverbien für die Sensitivität in Bezug auf Aspektkategorien verantwortlich sind, ist bisher unbeantwortet. Auffällig ist zudem, daß keine anderen Adverbien als x Stunden lang und in x Stunden bzw. deren englische Entsprechungen for x hours und in x hours (DOWTY 1979, 332ff.), berücksichtigt werden. Hier soll gezeigt werden, daß durch Hinzuziehung anderer Daueradverbien inhaltliche Eigenschaften der aspektualen Adverbien erarbeitet werden können, die deren aspektuale Distribution bestimmen.

1. Der Vergleich der Adverbialtypen x Stunden lang und in x Stunden mit den Adverbien von...bis (von vier bis sechs Uhr) und zwischen...und (zwischen vier und sechs Uhr), auf die sich dieser Aufsatz beschränkt[5], ergibt interessante Parallelen in Bezug auf die Aspektualität. Das Adverb von...bis kann nämlich nicht mit perfektiven Sachverhaltsbeschreibungen verknüpft werden, während sowohl von...bis wie zwischen...und bei der Beschreibung imperfektiver Sachverhalte eingesetzt werden können, wobei aber Interpretationsverschiebungen auftreten. Die Unverträglichkeit eines von...bis Adverbs mit perfektiven Sachverhalten, also das parallele Verhalten dieses Adverbs mit dem Adverbialtypus zwei Stunden lang geht aus folgenden Beispielsätzen hervor:

(5) Peter schreibt den Brief {zwischen 4 und 6 Uhr. / in zwei Stunden.}

(6) Peter schreibt den Brief {*von 4 bis 6 Uhr. / *zwei Stunden lang.}

Eine genauere Präzisierung der Zeitdauer zusätzlich zu dem Daueradverb ist in (5) gut möglich, während (6) dadurch nicht akzeptabler wird:

(5') Peter hat den Brief zwischen vier und sechs Uhr in einer Viertelstunde geschrieben.

(6') *Peter hat den Brief von 4 bis 6 Uhr in einer Viertelstunde geschrieben.

Bei der Beschreibung eines imperfektiven Sachverhalts sind beide Adverbien möglich:

(7) Peter sitzt zwischen 4 und 6 Uhr in der Bibliothek.

(8) Peter sitzt von 4 bis 6 Uhr in der Bibliothek.

Die Spezifizierung des Daueradverbs durch eine zusätzliche Dauerangabe differenziert diese Sätze in gleicher Weise wie (5) und (6):

(7') Peter sitzt zwischen 4 und 6 Uhr {?zwei Stunden lang / eine halbe Stunde} in der Bibliothek.

(8') Peter sitzt von 4 bis 6 Uhr {?zwei Stunden lang / *eine halbe Stunde} in der Bibliothek.

Die Spezifizierung von (8') durch die Adverbialbestimmung zwei

Stunden lang ist wohl deshalb nicht völlig unakzeptabel, da die zum Ausdruck gebrachte Zeitdauer in beiden Adverbien gleich ist, wodurch das zweite Adverb als Parenthese neben dem ersten interpretiert werden kann.

Eine mögliche Erklärung für das unterschiedliche Verhalten der Adverbialtypen bei Verknüpfung mit einer näher spezifizierenden Zeitdauerangabe bei einem imperfektiven Sachverhalt ist, daß Adverbien der Typen von...bis und x Stunden lang nur dann adäquat sind, wenn der beschriebene Sachverhalt an jedem der Zeitpunkte innerhalb des temporalen Bereichs des Daueradverbs vorliegt, anders gesagt, wenn der Sachverhalt die bezeichnete Zeitdauer vollständig ausfüllt. Dieser Adverbialtyp ließe sich demnach als 'holistisch' charakterisieren, analog zu den Fällen (9) und (10), die von FILLMORE (1977, 69ff.) auf Grund der unterschiedlichen Sachverhaltsbeschreibungen durch die Begriffe 'partitive' und 'holistic' gekennzeichnet werden:

(9) I loaded hay onto the truck (partitive)

(10) I loaded the truck with hay (holistic)

Bei Adverbien der Typen zwischen...und und in x Stunden soll die Einschränkung, daß der Sachverhalt das ganze Intervall ausfüllt, nicht gemacht werden. Dabei ist das Adverb in x Stunden strikter insofern, als es sich mit einem imperfektiven Sachverhalt überhaupt verbietet, während zwischen...und erst dann inadäquat ist, wenn durch den Kontext explizit gemacht wird, daß der imperfektive Sachverhalt während des ganzen vom Adverb beschriebenen Zeitintervalls vorgelegen haben muß, vgl. (7') und (11):

(11) Zwischen Weihnachten und Silvester habe ich Ski gelaufen, ?daher stehe ich jetzt mit einem Dauerrekord im Guinness Book of Records.

(12) Von Weihnachten bis Silvester habe ich Ski gelaufen, daher stehe ich jetzt mit einem Dauerrekord im Guinness Book of Records.

Die im zweiten Teilsatz formulierte Schlußfolgerung ist in (12) mit dem ersten Teilsatz verträglich (allerdings nicht notwendig), da das Adverb von...bis es erlaubt, den Sachverhalt als ununterbrochene Tätigkeit zu betrachten, während in (11) die 'holistische' Interpretation eher unwahrscheinlich, jedenfalls aber überraschend ist.

In diesem Zusammenhang ist folgendes Satzpaar bemerkenswert:

(13) Peter sitzt täglich zwischen 4 und 6 Uhr eine halbe Stunde in der Bibliothek ?und spricht dann zwischendurch kurz bei mir in meinem Arbeitszimmer vor.

(14) Peter sitzt täglich von 4 bis 6 Uhr (*eine halbe Stunde) in der Bibliothek und spricht dann zwischendurch kurz bei mir in meinem Arbeitszimmer vor.

Dieses Satzpaar bildet scheinbar ein Gegenargument gegen die oben getroffene Einteilung, nach der das Adverb von...bis eine holistische, zwischen...und dagegen eine nicht-holistische Lesart besitzt. Sowohl die relative Unakzeptabilität von (13) wie die Akzeptabilität von (14) ist nämlich unerwartet, da in (13) eine Spezifizierung des ersten Teilsatzes durch eine halbe Stunde wohl, in (14) dagegen nicht möglich ist. Eine Schlußfolgerung aus diesen Sätzen ist, daß der Sachverhalt 'in der Bibliothek sitzen' in (13) zwar nicht für die vom Daueradverb bezeichnete Zeitdauer vollständig vorliegen muß, da er durch das Adverb eine halbe Stunde eingeschränkt werden kann, daß der Sachverhalt aber doch als eine ununterbrochene Situation betrachtet wird. In (14) handelt es sich dagegen um einen Sachverhalt, der für das ganze Zeitintervall zutrifft, der aber unterbrochen werden kann. Dies geht auch aus (13') hervor, wo eine geringfügige Änderung gegenüber (13) zu einem voll akzeptablen Satz führt:

(13') Peter sitzt täglich zwischen 4 und 6 Uhr eine halbe Stunde in der Bibliothek und spricht dann immer kurz bei mir in meinem Arbeitszimmer vor.

In (13') werden zwei selbständige Sachverhalte beschrieben, die ohne zeitliche Überlappung oder Inklusion nacheinander in einem Zeitabschnitt vorkommen. Zusammenfassend läßt sich zu diesem Komplex festhalten, daß von...bis mit einem imperfektiven Sachverhalt verknüpft werden kann, während zwischen...und mit einem imperfektiven Sachverhalt vorkommen kann, der zwar nicht die ganze Periode vorliegen muß, der aber für sich ununterbrochen zu sein hat. Das unterschiedliche Verhalten der beiden Adverbtypen zeigt sich auch in (15) und (16):

(15) Peter saß von 4 bis 6 Uhr ununterbrochen in der Bibliothek.

(16) *Peter saß zwischen 4 und 6 Uhr ununterbrochen in der

Bibliothek.

Satz (16) ist unakzeptabel, da ununterbrochen impliziert, daß der Sachverhalt das ganze Zeitintervall ausfüllt, was bei zwischen...und nicht möglich ist. Durch Hinzufügung der spezifierenden Angabe eine halbe Stunde wird (16) korrekt, da sich ununterbrochen auf dieses Daueradverb beziehen kann:

(16') Peter saß zwischen 4 und 6 Uhr eine halbe Stunde ununterbrochen in der Bibliothek.

Daß perfektive Sachverhaltsbeschreibungen mit zwischen...und, nicht jedoch mit von...bis verknüpfbar sind, hängt damit zusammen, daß diese Sachverhalte (wie 'einen Brief schreiben') als unteilbare Handlungen gesehen werden, die nur dann adäquat als Handlungen betrachtet werden können, wenn sie zu einem Ergebnis geführt haben, mit anderen Worten, wenn sich die mit der Handlung verbundene Sachverhaltsveränderung vollzogen hat[6]. Die Veränderung als solche ist momentan und kann deshalb wohl zwischen zwei Zeitpunkten vollzogen werden, nicht aber die ganze Dauer von einem Zeitpunkt bis zu einem folgenden, also ein ganzes Zeitintervall ausfüllen. Dagegen ist die Aktivität 'an einem Brief schreiben', die nicht die oben beschriebene Veränderung voraussetzt, mit von...bis sehr gut verknüpfbar, während sich bei der Verknüpfung mit zwischen...und die gleichen Einschränkungen zeigen, die auch bei dem Sachverhalt 'in der Bibliothek sitzen' festgestellt wurden.

Interessantes läßt sich bei Sachverhaltsbeschreibungen beobachten, die sowohl eine perfektive wie eine imperfektive Lesart haben können, die in dieser Hinsicht also ambig sind. Vgl. (17) und (18):

(17) Von 4 bis 6 Uhr hat Peter ein Telephongespräch geführt; sonst hat er noch einen Brief geschrieben.

(18) Zwischen 4 und 6 Uhr hat Peter ein Telephongespräch geführt; sonst hat er noch einen Brief geschrieben.

Auf Grund der soeben festgestellten Eigenschaften der Daueradverbien kann (17) den imperfektiven Sachverhalt 'ein Telephongespräch führen' bezeichnen, der dann zwei Stunden dauert, währenddessen Peter, gleichsam nebenbei und in Gesprächspausen als Routinehandlung, ohne also das Telephongespräch zu unterbrechen oder zu beenden, einen Brief schreibt; in (18) wird 'ein Telephongespräch führen' als ein Sachverhalt beschrieben, der das Zeitintervall von zwei Stunden nicht ausgefüllt hat, wodurch noch Zeit für andere Beschäftigungen übrig geblieben ist. Es ist aber gut möglich, den Ausdruck ein Telephongespräch führen für die Beschreibung eines perfektiven Sachverhalts zu verwenden. Er betrifft dann eine abgeschlossene und deshalb zählbare[7] Handlung, was durch Einsetzung der Partikel nur verdeutlicht werden kann. Dadurch wird (17) erwartungsgemäß weniger akzeptabel; vgl. (17') und (18'):

(17') Von 4 bis 6 Uhr hat Peter nur ein Telephongespräch (zehn Telephongespräche) geführt, ?sonst hat er noch einen Brief geschrieben.

(18') Zwischen 4 und 6 Uhr hat Peter nur ein Telephongespräch (zehn Telephongespräche) geführt, sonst hat er noch einen Brief geschrieben.

Die Sachverhaltsbeschreibung ein Telephongespräch führen kann auch mit den beiden anderen Daueradverbien verbunden werden, wodurch die Ambiguität in Bezug auf den Aspekt eindeutig hervortritt:

(19) Peter führt zwei Stunden lang ein Telephongespräch.

(20) Peter führt ein Telephongespräch in zwei Stunden.

In (20) liegt wieder eine zählbare Handlung vor. Der von (19) beschriebene imperfektive Sachverhalt läßt sich durch (19') paraphrasieren:

(19') Peter führt ein zwei Stunden langes Telephongespräch.

Satz (19') läßt nur die Interpretation zu, daß der Sachverhalt die gesamte Zeitdauer ausfüllt, eine Lesart, die in (20) nicht vorliegt.

Die hier beschriebenen komplizierten Eigenschaften aspektualer Temporaladverbien sind noch an einigen repräsentativen Satzbeispielen zu überprüfen:

(21) Peter wohnte von 1969 bis 1979 (*zwei Jahre lang) in Linz.

(22) Peter wohnte zwischen 1969 und 1979 (zwei Jahre lang) in Linz.

(23) Peter wohnte zehn Jahre lang in Linz.

(24) *Peter wohnte in zehn Jahren in Linz.

In (21) ist die Präzisierung zwei Jahre lang neben dem Daueradverb unmöglich, da *von...bis* voraussetzt, daß der beschriebene Sachverhalt das ganze Zeitintervall, eventuell mit Unterbrechungen, ausfüllt. In (22) ist die Präzisierung wohl möglich, da das Adverb *zwischen...und* lediglich einen Zeitraum bezeichnet, innerhalb dessen der Sachverhalt gültig gewesen sein muß. Satz (23) ist normal; eine Präzisierung durch *zwei Jahre lang* wäre unmöglich, da von ein und demselben Sachverhalt nicht gleichzeitig behauptet werden kann, daß er zwei Jahre und zehn Jahre lang vorliegt[8]. Satz (24) ist ungrammatisch, da das Adverb *in zehn Jahren* nicht mit Beschreibungen imperfektiver Sachverhalte verknüpft werden kann. Eine Erklärung für diese Restriktion ist schwierig, da das Paralleladverb *zwischen...und* wohl mit imperfektiven Sachverhalten verbunden werden kann. Außerdem führt die Verbindung mit einem der Adverbien der Gruppe *von...bis/x Jahre lang* in allen möglichen Reihenfolgen kaum zu einem akzeptablen Satz:

(24') *Peter wohnte von 1969 bis 1979 in zehn Jahren ih Linz.

(24") ?Peter wohnte in zehn Jahren (insgesamt) zwei Jahre lang in Linz.

Satz (24") ist noch am ehesten interpretierbar, da dieser Satz zum Ausdruck bringen kann, daß verschiedene Sachverhalte des Inhalts 'Peter wohnte in Linz' festgestellt sind, wodurch eine perfektive Lesart suggeriert wird: Die Dauer des Sachverhalts 'in Linz wohnen' fällt mit der Dauer des spezifizierenden Adverbs *zwei Jahre lang* zusammen, die ihrerseits von dem Zeitraum des Adverbs 'in zehn Jahren' eingeschlossen ist, ohne diesen vollständig auszufüllen. Die Ungrammatizität von (24) hängt direkt mit der Eigenschaft der Adverbien *zwischen...und/in x Stunden* zusammen, daß sie einen Sachverhalt innerhalb des Zeitintervalls als nicht-holistisch erscheinen lassen, was dem statischen Inhalt des Verbs *wohnen* widerspricht.

Die Sätze (25-28) zeigen, wenn man die Präzisierung unberücksichtigt läßt, die gleichen Regelmäßigkeiten wie (21-24):

(25) Peter besuchte Linz von 1969 bis 1979 (?drei Mal).

(26) Peter besuchte Linz zwischen 1969 und 1979 (drei Mal).

(27) Peter besuchte Linz zehn Jahre lang (*drei Mal).

(28) Peter besuchte Linz { *in zehn Jahren. / in zehn Jahren drei Mal. }

Durch die Präzisierung drei Mal ändert sich der beschriebene Sachverhalt, da es sich dadurch um abgeschlossene, zählbare Vorgänge handelt. Die dadurch entstehende perfektive Lesart erklärt die relative Unakzeptabilität von (25), die eindeutige Ungrammatizität von (27) und die Akzeptabilität von (28). Nur in der Akzeptabilität von (26) ändert sich dadurch nichts, da das Adverb zwischen...und mehrere selbständige Sachverhalte innerhalb des Zeitintervalls zuläßt. Offensichtlich kann das Verb besuchen wie der Ausdruck ein Telephongespräch führen zur Beschreibung sowohl eines perfektiven wie eines imperfektiven Sachverhalts benutzt werden. Die perfektive Lesart läßt sich durch einen Besuch/Besuche abstatten paraphrasieren, während die imperfektive Lesart durch zu Besuch sein umschrieben ist.

Ein perfektiver Sachverhalt, nämlich 'Peter schreibt den Brief', wurde durch die Satzbeispiele (5), (6) und (5') behandelt. Enthält eine perfektive Sachverhaltsbeschreibung ein Verb aus Vendlers achievement-Klasse (VENDLER 1967; es betrifft Verben wie entdecken, finden, verlieren, erfinden, gewinnen, geboren werden), so ist praktisch nur Verknüpfung mit zwischen...und möglich, da bei diesen Verben ein Daueranspruch kaum vorstellbar ist. Vgl. (29-32):

(29) Gutenberg erfand die Buchdruckkunst *von 1440 bis 1450.

(30) Gutenberg erfand die Buchdruckkunst zwischen 1440 und 1450 (?in zwei Jahren).

(31) Gutenberg erfand die Buchdruckkunst *zehn Jahre lang.

(32) Gutenberg erfand die Buchdruckkunst ??in zehn Jahren (*von 1440 bis 1450).

Bei anderen perfektiven Sachverhaltsbeschreibungen aus der achievement-Klasse, wo enzyklopädisches Wissen keine Rolle spielt, entsteht bei von...bis/x Jahre lang sofort eine iterative Lesart:

(33) Peter reiste von Juli bis September in die Schweiz.

(34) Peter reiste drei Monate lang in die Schweiz.

2. Schlußfolgerungen

Die hier behandelten Daueradverbien lassen sich zu zwei Paaren ordnen, nämlich:

(a) Die Adverbien von...bis/x Stunden lang, die beide nur mit der Beschreibung imperfektiver Sachverhalte verknüpft werden können. Diese Adverbien bringen zum Ausdruck, daß der Sachverhalt für die gesamte Dauer des Zeitintervalls oder aber für eine beträchtliche Zahl von Zeitpunkten eines Zeitintervalls vorliegt, wobei Anfang und Ende des Sachverhalts ungefähr mit Anfang und Ende des vom Daueradverbs beschriebenen Zeitintervalls zusammenfallen (dies ist die 'holistische' Bedeutungskomponente dieses Adverbialtyps). Im Bereich des Daueradverbs können andere Sachverhalte beschrieben werden, die eine Unterbrechung des 'Hauptsachverhalts' sind;

(b) Die Adverbien zwischen...und/in x Stunden, die beide mit der Beschreibung perfektiver Sachverhalte verknüpft werden, während zwischen...und darüber hinaus auch mit imperfektiven Sachverhalten verträglich ist. Bei dem perfektiven Aspekt wird zum Ausdruck gebracht, daß der Sachverhalt sich innerhalb der vom Adverb festgelegten Zeitdauer befindet, wobei aber in keiner Weise vorausgesetzt ist, daß der Sachverhalt das ganze Zeitintervall oder sogar einen beträchtlichen Teil des Zeitintervalls beansprucht, was mit dem Veränderungsmerkmal der perfektiven Aktionsart, das Momentaneität voraussetzt, zusammenhängt. Auch bei der Verbindung des Adverbs zwischen...und und Beschreibungen imperfektiver Sachverhalte wird nur angegeben, daß der Sachverhalt innerhalb des vom Adverb bezeichneten Zeitintervalls vorkommt, nicht aber, welchen Teil des Intervalls der Sachverhalt beansprucht[9]. Im Bereich der Adverbien dieser Gruppe können auch andere Sachverhalte beschrieben werden, die dann aber nicht als Unterbrechungen des (imperfektiven) 'Hauptsachverhalts' aufgefaßt werden können, die also gleichrangig neben diesem Sachverhalt das Zeitintervall (teilweise) ausfüllen können. Der Hauptsachverhalt, der also in dieser Adverbkonfiguration eigentlich keine vorrangige Stellung einnimmt, ist somit ununterbrechbar. Im Grunde beschreibt also nur die Adverbialgruppe von...bis/x Stunden lang die Dauer eines Sachverhalts; zwischen...und und in x Stunden dürfen nicht im gleichen Sinne als Daueradverbien eingestuft werden.

Die hier gewonnenen Einsichten werden in Tabelle (35) zusammengefaßt:

(35)

Adverbien	Eigenschaften der Sachverhaltsbeschreibungen		
	perfektiv (Veränderung)	holistisch	unterbrechbar
von...bis	-	+	+
x Stunden lang	-	+	+
zwischen...und	+/-	-	-
in x Stunden	+	-	-

Anmerkungen

1 Werner Abraham, Co Vet und den Kolloquiumsteilnehmern danke ich für wertvolle Kritik.

2 Im Rahmen dieses Aufsatzes kann auf die Begriffe 'Aspekt' und 'Aktionsart', für die im Folgenden der gleiche Inhalt angenommen wird, nur stichwortartig eingegangen werden. Es handelt sich hier nicht um Eigenschaften von Verben, sondern um Kategorien, die Propositionen als Sachverhaltsbeschreibungen zuzuordnen sind und die sowohl von der propositionalen Semantik, wie vom weiteren Kontext und von pragmatischen Faktoren bedingt sind. In einem zweistufigen Aspektsystem ist 'Veränderung' unterscheidendes Merkmal: Sachverhaltsbeschreibungen, die den Übergang eines Zustands in einen neuen Zustand bezeichnen (wie in Peter irritiert mich), sind 'perfektiv', Beschreibungen unveränderlicher Sachverhalte (wie Peter schnarcht laut) dagegen 'imperfektiv' (vgl. FABRICIUS-HANSEN 1975, DOWTY 1979, VET 1980, u.v.a.).

3 Satz (3) ist völlig akzeptabel bei der Futurinterpretation des Zeitadverbs; diese Lesart der Adverbien des Typs in zwei Stunden wird im Folgenden ausgeklammert. Im Niederländischen wird durch Präpositionswahl klargestellt, daß es sich um zwei verschiedene Kategorien handelt: in twee uur ist Daueradverb, over twee uur Futuradverb.

4 Vet (1980, 130) erklärt die Ungrammatizität von Sätzen wie (4) damit, daß durch die Verknüpfung eines Daueradverbs des Typs x Stunden lang mit einer perfektiven Sachverhaltsbeschreibung die Perfektivität zweimal zum Ausdruck gebracht würde:"Ces adverbes indiqueraient une seconde fois que le début et la fin d'une intervalle seraient déterminés, s'ils se combinaient avec des phrases se référant à une situation transitionelle".

5 In einem weiteren Zusammenhang sollten auch Adverbien wie während, für, seit, bis x Stunden, kurz, lang usw. berücksichtigt werden.

6 Fälle, in denen eine Handlung wie 'einen Brief schreiben' imperfektiv, also als andauernde Tätigkeit zu interpretieren sind, sind unter besonderen Kontextbedingungen durchaus möglich; vgl. Peter schrieb einen Brief, als er vom Krokodil überrascht wurde.

7 Zu dem Zusammenhang zwischen Perfektivität und Zählbarkeit vgl. LANGACKER 1983, 271.

8 Diesen Fall könnte man durch das sogenannte 'one-instance-per-clause' Prinzip der Fillmoreschen (u.a. 1968) Kasusgrammatik beschreiben, nach dem ein semantischer Beziehungstypus (Kasus) nicht mehr als einmal in einer Proposition vorkommen darf. Das Prinzip könnte auch die Ungrammatizität von (21) erklären, denn die Zugehörigkeit der Adverbialtypen von...bis und x Jahre lang zur gleichen Subkategorie der Daueradverbien schließt ihr gemeinsames Vorkommen in einem unerweiterten Satz, einem Satz z.B. ohne Parenthese, aus.

9 Weil der Sachverhalt innerhalb des temporalen Bereichs des Adverbs zwischen...und als abgeschlossen zu sehen ist, d.h., daß Anfang und Ende des Sachverhalts von dem temporalen Bereich eingeschlossen sind, ließe sich der Sachverhalt auch als perfektiv betrachten. Diese Möglichkeit ist von der Definition der perfektiven Aspektkategorie, die dann keinen unmittelbaren Zusammenhang mit dem Veränderungsmerkmal haben darf, abhängig. Sie hat einerseits den Vorteil, daß Sachverhalte im Bereich des Adverbs zwischen...und immer perfektiv sind, andererseits aber den Nachteil, daß sie das Aspektsystem erheblich komplizieren würde.

Literatur

DOWTY, David R. (1979): Word meaning and Montague grammar. The semantics of verbs and times in generative semantics and in Montagues PTQ. Dordrecht: Reidel.

FABRICIUS-HANSEN, Cathrine (1975): Transformative, intransformative und kursive Verben. Tübingen: Niemeyer.

FILLMORE, Charles J. (1968):"The case for case". BACH, Emmon/ HARMS,Robert T.: Universals in linguistic theory. New York, etc.: Holt e.a., 1-88.

--- (1977): "The case for case reopened". COLE, Peter/SADOCK, Jerrold M.: Grammatical relations. New York, etc.: Academic Press, 59-81.

LANGACKER, Ronald W. (1983): "Remarks on english aspect". HOPPER, Paul J.: Tense-Aspect: Between semantics and pragmatics. Amsterdam: Benjamins, 265-304.

VENDLER, Zeno (1967):"Verbs and times". VENDLER, Zeno: Linguistics in philosophy. Ithaca: Cornell U.P., 97-121 (urspr. The Philosophical Review 66 (1957): 143-160).

VET, Co (1980): Temps, aspects et adverbes de temps en français contemporain: essai de sémantique formelle. Genève: Droz.

ICH - DU - ER/SIE/ES und ER/SIE/ES - SIE (PL)
Zur Neutralisierung syntaktischer Merkmale in markierten Kategorien

Karl-Rüdiger Harnisch

1. Einleitung

In seinem Aufsatz zum "Nullzeichen" schreibt JAKOBSON (1971: 222):

> ... dem Gegensatz zweier grammatischen Kategorien steht ... sein Aufgehobensein gegenüber (z. B. ist im russischen Präteritum im Gegensatz zum Präsens die Person aufgehoben, im Plural das Genus usw.) ...

In seinem Beitrag für eine Jakobson-Festschrift spricht BIERWISCH (1967: 254) von Fällen, wo "a certain distinction is suspended in the environment of a given category":

> Thus gender is neutralized in the pronominal inflection of German in the environment [+Plural], the distinction between governed and non governed cases is neutralized for the direct, but not the oblique cases in the neuter and in the plural, and in the presence of [+Feminine] also for the oblique cases[1].

MAYERTHALER (1981: 168) spekuliert, "es sollte Sprachen geben, die im Plural mehr Kasusneutralisation als im Sing. aufweisen", und schließlich spielen die Beispiele aus dem Titel meines Beitrags beide auf die Aufhebung der GEN-Unterscheidung an: das zweite auf die im PL, das erste auf die in der 1. und 2. PERS.

All diesen Fällen ist gemeinsam, daß bestimmte syntaktische Merkmale[2] von bestimmten anderen verdrängt werden. Vom umgekehrten Fall, daß sich Merkmale in der Umgebung anderer erst etablieren können, berichtet HOOPER (1980). Es handelt sich um den kindlichen Erwerb der Exponenten für PERS und TEMP im Italienischen. Die vier Stadien seien:

Für 1. und 3. PERS, für PRÄS und PRÄT wird nur der Exponent der 3. PERS.PRÄS verwendet:

(1)

	PRÄS	PRÄT
1. PERS		
3. PERS	-a	

Der TEMP-Unterschied wird zunächst nur mit den exponentiellen Mitteln der 3. PERS symbolisiert:

(2)

	PRÄS	PRÄT
1. PERS		
3. PERS	-a	-ava

Der PERS-Unterschied wird zunächst nur mit den exponentiellen Mitteln des PRÄS symbolisiert:

(3)

	PRÄS	PRÄT
1. PERS	-o	
3. PERS	-a	-ava

Der PERS-Unterschied wird auch im PRÄT symbolisiert, das Paradigma wird vollständig:

(4)

	PRÄS	PRÄT
1. PERS	-o	-avo
3. PERS	-a	-ava

Für die bislang genannten Vorgänge der Desymbolisierung bzw. Symbolisierung von syntaktischen Merkmalen lassen sich folgende Regeln schreiben:

(5a) $\text{PERS} \rightarrow -\text{sym} \,/\, \overline{\text{PRÄT}}$

(6a) $\text{GEN} \rightarrow -\text{sym} \,/\, \left\{\begin{array}{l}\overline{\text{PL}} \\ \text{1.PERS} \\ \text{2.PERS}\end{array}\right\}$

(7a) $\text{AKK} \rightarrow -\text{sym} \,/\, \left\{\begin{array}{l}\overline{\text{FEM}} \\ \text{NTR} \\ \text{PL}\end{array}\right\}$

(8a) $\text{PRÄT} \rightarrow +\text{sym} \,/\, \overline{\text{3.PERS}}$

(9a) $\text{1.PERS} \rightarrow +\text{sym} \,/\, \overline{\text{PRÄS}}$

Als vorläufige These kann nach Ausweis der Beispiele formuliert werden:

Es gibt offensichtlich verschiedene Konstellationen von syntaktischen Merkmalen, in denen sich manche als stärker, manche als schwächer erweisen. So kommt es entweder zu Prozessen der Verdrängung schwächerer Merkmale durch stärkere (Regeln (5a) bis (7a)) oder zu Prozessen der Zulassung stärkerer Merkmale in der Umgebung schwächerer (Regeln (8a) und (9a)).

Über die genannten und bekannten, m. E. aber viel zu wenig reflektierten Fälle hinaus will ich versuchen, auch dort solche Regelmäßigkeiten aufzuspüren, wo die Vorgänge verwickelter, die Verhältnisse verdeckter sind.

2. Transparente Paradigmen

Im folgenden werde ich v.a. mit denjenigen Evidenzen arbeiten und argumentieren, die Paradigmen bieten, v.a. wenn es sich um sog. "transparente Paradigmen" handelt, die MAYERTHALER (1981: 35) als Optimalfall einer natürlichen Morphologie veranschlagt und in denen möglichst ein 1:1-Verhältnis zwischen Morphem und Morph, also zwischen syntaktischem Merkmal und seinem Exponenten, herrschen soll. Die Flexionsparadigmen stammen aus der Konjugation und Deklination des Dialekts von Ludwigsstadt an der fränkisch-thüringischen Grenze.

2.1. Nominalflexion

Die Deklination wird in einer strengen Zusammenschau der pronominalen (oder "starken") und der substantivischen Flexion behandelt, weil sich beide gegenseitig zu erhellen vermögen. Die nominalen Paradigmen habe ich in transparente Form gebracht:

(10) Pronominales Paradigma

	SG									PL		
	MSK			FEM			NTR			-		
NOM	-er			-e			-s				-e	
AKK			-n	-e			-s				-e	
DAT			-n			-er			-n		-e	-n
	GEN	NUM	KAS									

(11) Substantivisches Paradigma

	SG	PL	
NOM		-er	
AKK		-er	
DAT		-er	-n

Die Felder des Paradigmas sind nach den grammatischen Kategorien GEN, NUM und KAS, die um den exponentiellen Raum des zu flektierenden Wortes konkurrieren, dreigeteilt. Die Exponenten sind monofunktional, es kommt also keine "Kumulation"[3] mehrerer syntaktischer Merkmale in einem Exponenten vor. Diese Transparenz läßt sich so legitimieren:

1. Im pronominalen Paradigma (10) ist zu sehen, daß im PL die Symbolisierung des GEN aufgehoben ist. Die GEN-Spalte bleibt dort leer.

2. Im substantivischen Paradigma (11) zieht sich die PL-Kennzeichnung durch alle KAS durch. Dieser Befund - bei den SUBST mit /er/-PL besonders gut sichtbar - wurde auf das pronominale Paradigma (10) übertragen.

3. Auch die Symbolisierung des DAT gegenüber dem nicht symbolisierten NOM und AKK im PL des SUBST wird auf das Paradigma (10) der pronominalen Flexion übertragen. Der DAT wird auch hier, wie beim substantivischen Paradigma (11), zur PL-Symbolisierung hinzuaddiert.

Die konkrete Lautung [n̩] der abstrakten additiven Form /en/ im PL.DAT des pronominalen Paradigmas (10), ein "fictitious agglutinating analogue" im Sinne von LOUNSBURY (1957: 380), läßt sich übrigens durch einen Prozeß der e-Elision (Synkope) phonologisch plausibel erzeugen.

4. Beim SUBST ist nach Ausweis des Paradigmas (11) der PL ganz eindeutig gegenüber dem SG symbolisiert. Dieser Sachverhalt ist auch für die pronominale Flexion anzunehmen, so daß im Paradigma (10) im SG das Teilfeld für NUM stets leer zu lassen war.

5. Der DAT hebt sich im pronominalen Paradigma (10) am deutlichsten im PL vom NOM und AKK ab, die unsymbolisiert bleiben. Diesen Befund habe ich auf den SG übertragen und Nichtsymbolisierung des NOM und - außer beim MSK - des AKK angenommen, gegenüber denen der DAT in seiner phonologischen Qualität stets abgehoben ist.

6. Da im SG.NOM und (abgesehen vom MSK) auch im SG.AKK des pronominalen Paradigmas (10) die Exponenten weder NUM-Marker (vgl. 4.) noch KAS-Marker (vgl. 5.) sein können, ist ihre Funktion nur noch als Symbolisierung des GEN-Unterschiedes zu interpretieren.

7.Für diese GEN-Symbolisierung ist offensichtlich kein Platz mehr, wo DAT-Symbolisierung und - beim MSK - AKK-Symbolisierung auftritt.

2.2. Verbalflexion

Die Felder dieses Paradigmas sind dreigeteilt nach den Kategorien TEMP, PERS und NUM, von denen auch wieder angenommen wird, daß sie um den knappen exponentiellen Raum am zu flektierenden Wort konkurrieren.

(12) Verbales Paradigma

		PRÄS			PRÄT		
SG	1.				+sym		
	2.		-sd		+sym	-sd	
	3.		-d		+sym		
PL	1.			-n	+sym		-n
	2.		-d		+sym	-d	
	3.			-n	+sym		-n
		TEMP	PERS	NUM			

Die interpretativ hergestellte Transparenz ist folgendermaßen zu begründen:

1. Von der Deklination übertragen, läßt sich annehmen, daß SG nicht, PL aber sehr wohl symbolisiert wird - nicht jedoch in der 2. PERS: Hier scheint die Symbolisierung der PERS Vorrang zu haben vor der Symbolisierung des NUM.

2. Da für SG gegenüber PL und für PRÄS gegenüber PRÄT keine Symbolisierung anzunehmen ist, sind die Exponenten im SG.PRÄS also weder NUM- noch TEMP-Marker, sondern reine Marker der Kategorie PERS.

3. Semantische Markiertheit

In den transparenten Paradigmen hat die Zuordnung eines Exponenten an nur ein syntaktisches Merkmal zu einer großen Anzahl von Lücken geführt, von denen zwei Arten unterschieden werden müssen: Eine steht für Merkmale, die - wie SG - nie symbolisiert sind, eine andere für Merkmale, die - wie GEN - symbolisiert sind, wenn sie nicht von andern Merkmalen - wie PL - offensichtlich verdrängt werden. Der Schlüssel zum Verständnis dafür, wie die Verteilung von Exponenz und Lücke im transparenten Paradigma entstanden ist, liegt in den semantischen Markiertheitswerten der syntaktischen Merkmale.

Mit -m werden in der folgenden Tabelle (13a) die semantisch unmarkierten, mit +m die semantisch markierten, mit ++m die semantisch maximal markierten Merkmale bezeichnet:

(13a)

		±m
TEMP	PRÄS	-
	PRÄT	+
MOD	IND	-
	KONJ	+
PERS	1.	+
	2.	++
	3.	-

GEN	MSK	-
	FEM	+
	NTR	+
KAS	NOM	-
	AKK	+
	DAT	++
NUM	SG	-
	PL	+

Zusätzlich muß später noch auf die Kategorie [±BELEBTHEIT] zurückgegriffen werden, innerhalb der BELEBT als unmarkiert, UNBELEBT als markiert aufgefaßt wird.

Exkurs: In der Veranschlagung der Markiertheitswerte bin ich im wesentlichen MAYERTHALER (1981: Kap. 1.3.) gefolgt, habe jedoch NTR als markiert eingestuft, obwohl die morphologische Markiertheitstheorie "für Kategorien wie Neutrum ... noch nicht sensitiv" (167) sei. Mein von MAYERTHALER abweichender Ansatz einer unmarkierten 3. PERS läßt sich gerade mit seinen eigenen Argumenten begründen: Ausgehend von semantischer Unmarkiertheit prototypischer Sprechereigenschaften müßten die 1. PERS und HIC unmarkiert, 3. PERS und IBI markiert sein. Ganz zurecht weist MAYERTHALER (1981: 12) nun auf "die relative Unmarkiertheit von [+ibi]" hin und begründet sie damit, daß "im usuellen Wahrnehmungsfeld des Sprechers ... eben vorzüglich der/die oder das Andere [liegt], nicht er selbst!" Mit genau demselben Hinweis auf das "Wahrnehmungsfeld" ließe sich nun aber auch die Unmarkiertheit der 3. PERS (eben "der/die oder das Andere"!) begründen. Gestützt werden kann dieser Befund durch die von MAYER-

THALER (1981: 4-5) angegebenen "heuristischen Quellen für die Bestimmung von Markiertheitswerten": Wenn es stimmt, daß von Kindern Unmarkiertes vor Markiertem erworben wird und die Ammensprache Markiertes zugunsten von Unmarkiertem meidet, dann sind Hoopers oben zitierte Beobachtungen und Kindersätze wie (14) oder ammensprachliche Äußerungen wie (15) und (16) Indiz genug dafür, daß die 3. PERS die unmarkierte ist:

(14) Basti ist ... 'Ich (der Basti) bin ...'

(15) Wo ist er denn? 'Wo bist du denn?'

(16) Die Mammi kommt ja! 'Ich (die Mammi) komme ja!'

Mit dem Wissen um die semantischen Markiertheitswerte der syntaktischen Kategorien, wie sie in (13a) zusammengefaßt sind, lassen sich die Regeln (5a) bis (9a), genauer: ihre Umgebungsangaben, im Sinne der Markiertheitstheorie umformulieren:

(5b) $$\text{PERS} \rightarrow -\text{sym} \; / \; \overline{+\text{m TEMP}}$$

(6b) $$\text{GEN} \rightarrow -\text{sym} \; / \; \left\{ \begin{matrix} \overline{+\text{m NUM}} \\ +\text{m PERS} \end{matrix} \right\}$$

(7b) $$\text{AKK} \rightarrow -\text{sym} \; / \; \left\{ \begin{matrix} \overline{+\text{m GEN}} \\ +\text{m NUM} \end{matrix} \right\}$$

(8b) $$\text{PRÄT} \rightarrow +\text{sym} \; / \; \overline{-\text{m PERS}}$$

(9b) $$\text{1.PERS} \rightarrow +\text{sym} \; / \; \overline{-\text{m TEMP}}$$

Die genannten Desymbolisierungen erfolgten demnach in markierter, die genannten Symbolisierungen in unmarkierter Umgebung. Mit den Regeln (5b) bis (7b) kann MAYERTHALERS (1981: 168) These untermauert werden, daß "in markierten Kategorien eher mit Neutralisation als in weniger markierten Kategorien zu rechnen" ist, mit den Regeln (8b) und (9b) die umgekehrte Annahme, daß in unmarkierten Kategorien eher mit einem Ausbau syntaktischer Merkmale zu rechnen ist.

4. Semantische und Symbolisierungsmarkiertheit

Die folgende Tabelle soll zeigen, welche Relation zwischen [±semantischer Markiertheit] und [±merkmalhafter Symbolisierung] jedes einzelnen syntaktischen Merkmals herrscht:

(13b)

		±m	±sym
TEMP	PRÄS	-	-
	PRÄT	+	+
MOD	IND	-	-
	KONJ	+	+
PERS	1.	+	-
	2.	++	+
	3.	-	±

		±m	±sym
GEN	MSK	-	±
	FEM	+	±
	NTR	+	±
KAS	NOM	-	-
	AKK	+	±
	DAT	++	±
NUM	SG	-	-
	PL	+	±

Nicht erklärungsbedürftig sind die Fälle von - wie MAYERTHALER (1981: Kap. 1.4.2.) sagt - "konstruktionellem Ikonismus", wo +m mit +sym koinzidiert - eine ebenso "natürliche" Relation wie die zwischen -m und -sym.

Erklärungsbedürftig, weil nach Ausweis von (13b) nicht koinzident, sind zum ersten die fehlende Symbolisierung der 1. PERS beim VERB und der nicht symbolisierte PL vom SUBST-Typ /lefl/ 'Löffel'. Beide Nichtsymbolisierungen lassen sich relativ problemlos erklären: Erstere ist allomorphiefrei und kommt nicht durch einen Verdrängungsprozeß durch andere syntaktische Merkmale zustande. Es handelt sich um eine im paradigmatischen Kontrast sehr starke "Null". Letztere ist bei näherem Hinsehen zu einem großen Teil von der Wort-, oder genauer: Auslautstruktur des Lexems mitbedingt.

Zum zweiten sind erklärungsbedürftig die Desymbolisierungen von 1., FEM und NTR in der pronominalen Flexion, 2., AKK und DAT in der pronominalen und substantivischen Flexion, 3., PL in der Verbalflexion, ferner die vom semantischen Markiertheitswert her unerwarteten Symbolisierungen 1., der 3. PERS beim VERB, 2., des MSK in der pronominalen Flexion.

Auf der Basis der Evidenzen aus den vorgelegten transparenten Paradigmen lassen sich wortartenspezifisch folgende Regeln aufstellen.

4.1. Pronominale Flexion

Semantisch markiertes FEM und NTR wird im PL, im DAT und - siehe das personalpronominale Beispiel ich - du - er/sie/es - in der 1. und 2. PERS nicht symbolisiert, also im markierten NUM, dem maximal markierten KAS und den markierten PERS:

$$(17)\quad \begin{Bmatrix} \text{FEM} \\ \text{NTR} \end{Bmatrix} \rightarrow \text{-sym} / \begin{Bmatrix} \text{+m PERS} \\ \text{+m NUM} \\ \text{+m KAS} \end{Bmatrix}$$

Semantisch unmarkiertes MSK wird (überraschend) symbolisiert, und zwar nur, wenn die Merkmale NOM, also unmarkierter KAS, und SG, also unmarkierter NUM, zusammenkommen[4]:

$$(18)\quad \text{MSK} \rightarrow \text{+sym} / \begin{bmatrix} \text{-m NUM} \\ \text{-m KAS} \end{bmatrix}$$

Semantisch markierter AKK geht verloren, wenn FEM, NTR oder PL vorliegen, also die markierten Werte aus der GEN- und NUM-Kategorie:

$$(19)\quad \text{AKK} \rightarrow \text{-sym} / \begin{Bmatrix} \text{+m GEN} \\ \text{+m NUM} \end{Bmatrix}$$

4.2. Substantivische Flexion

Hier entfällt das Problem der GEN-Symbolisierung, da GEN inhärentes Merkmal ist. Da die KAS-Kennzeichnung nur noch eine marginale Erscheinung zu sein scheint, liegt es näher, nach den Fällen zu fragen, wo sie überhaupt erhalten ist: AKK und DAT sind es im SG von SUBST, die MSK und BELEBT sind und PL-Bildung auf /n/ haben, der DAT ist es zusätzlich im PL. Soll das KAS-Problem der SUBST jedoch nicht als Erhaltung, sondern als Abbau der Symbolisierung beschrieben werden, ergibt sich eine Desymbolisierung des AKK in den markierten GEN-, NUM- und BELEBTHEITS-Merkmalen, also bei FEM, NTR, PL und UNBELEBT, dazu im Nicht-/n/-PL. Beim DAT fällt der PL, der markierte NUM, als Umgebungsmerkmal aus, DAT-Abbau muß auf SG, den unmarkierten NUM, eingeschränkt werden:

$$(20)\quad \text{AKK} \rightarrow \text{-sym} / \begin{Bmatrix} \text{+m GEN} \\ \text{+m NUM} \\ \text{+m LEB} \\ \text{Nicht-}\underline{\text{n}}\text{-PL} \end{Bmatrix}$$

$$(21)\quad \text{DAT} \rightarrow \text{-sym} / \left\{\begin{array}{l}\text{+m GEN}\\ \text{+m LEB}\\ \text{Nicht-}\underline{\text{n}}\text{-PL}\end{array}\right\} / \overline{\text{-m NUM}}$$

4.3. Verbale Flexion

Semantisch markierter PL wird Opfer der Symbolisierung der 2., also der maximal markierten PERS:

$$(22)\quad \text{PL} \rightarrow \text{-sym} / \overline{\text{++m PERS}}$$

Die 3. als unmarkierte und daher 'eigentlich' gar nicht zu symbolisierende PERS wird es doch, wenn nämlich PRÄS und SG, also die unmarkierten TEMP- und NUM-Werte, zusammen die Umgebung bilden[5]:

$$(23a)\quad \text{3.PERS} \rightarrow \text{+sym} / \left[\begin{array}{l}\overline{\text{-m TEMP}}\\ \text{-m NUM}\end{array}\right]$$

Nichtsymbolisierung der 3. PERS auch im PRÄS.SG bei den Präteritopräsentien, die zum allergrößten Teil Modalverben sind, müßte entweder auf das historisch-formale Merkmal PRÄT oder eine synchronisch-semantische MOD-Markierung rekurrieren, d. h. umgekehrt: Symbolisierung der 3. PERS wäre dann auch bei unmarkiertem MOD zugelassen:

$$(23b)\quad \text{3.PERS} \rightarrow \text{+sym} / \left[\begin{array}{l}\overline{\text{-m TEMP}}\\ \text{-m MOD}\\ \text{-m NUM}\end{array}\right]$$

5. Zusammenfassung

1. Bei semantisch markierten Merkmalen ist Symbolisierung zu erwarten. Wird sie gestört, sind andere semantisch markierte Merkmale dafür verantwortlich. Zwischen gestörter Symbolisierung des betroffenen Merkmals und der Markiertheit des verursachenden Merkmals herrscht ein reziprokes Verhältnis.

2. Bei semantisch unmarkierten Merkmalen ist keine Symbolisierung zu erwarten. Kommt sie trotzdem vor, dann nur in der Umgebung semantisch unmarkierter Merkmale. Zwischen unerwarteter Symbolisierung des betroffenen Merkmals und Unmarkiertheit der Umgebung herrscht ebenfalls ein reziprokes Verhältnis.

3. Diese angesprochenen Verdrängungs- bzw. Zulassungsprozesse sind auch als "natürlich" aufzufassen, gerade weil im Prinzip der Reziprozität eine plausible Begründung gefunden werden konnte.

4. Die Frage, welche Merkmale stärker, welche schwächer sind, scheint sich bei einem Blick auf die Regeln der Verdrängungsprozesse so beantworten zu lassen, daß basissyntaktische (also stärker semantische) Kategorien wie PERS und NUM in der Hierarchie über transformationell eingeführten (also eher syntaktischen) Kategorien wie GEN (des ADJ) und KAS stehen.

5. Die Formulierung als Verdrängungs- bzw. Zulassungsprozeß macht die Annahme von Kumulationen überflüssig: Nicht mehrere Merkmale werden auf ein Morph aufgeladen, sondern ein Merkmal entspricht einem Exponenten, die andern Merkmale bilden die Umgebung. So lassen sich viele scheinbare Portemanteau-Probleme[6] entwirren. Das hat auch Folgen für die Beurteilung des Sprachbautyps der untersuchten Einzelsprache: Da Kumulation als typisch für Flexionssprachen gilt, die Existenz von Kumulation hier aber bestritten und eine transparente "segmental-additive Kodierung" nachgewiesen wird, die MAYERTHALER (1981: 38) als das Optimum morphologischer Kennzeichnung ansieht[7], wäre hier im Grunde von einer Agglutinationssprache auszugehen, die allerdings große Lücken im Arrangement der Items aufweist, u. a. weil stärkere Items den knappen zur Verfügung stehenden Raum für phonologische Kodierung beanspruchen und die unterlegenen Items verdrängen.

Anmerkungen

1 Bierwischs KAS-Beispiel in anderen Worten: Der Gegensatz zwischen NOM und AKK wird im NTR, FEM und PL aufgehoben, im FEM zusätzlich auch der zwischen GENITIV und DAT.

2 Darunter sind Kennzeichnungen wie PL, PRÄT oder FEM zu verstehen. Sie sind den hier so genannten "grammatischen Kategorien" wie NUM, TEMP oder GEN untergeordnet und werden in "Exponenten", die etwa den "Morphen" des Strukturalismus entsprechen, "symbolisiert" (oder "kodiert"), d. h. mit phonologischer Substanz versehen.

3 Zum Problem von "cumulative exponence" vgl. MATTHEWS (1981), v.a. Kap. 6.2.

4 Deswegen steht im Umgebungsteil der Regel eine eckige Klammer, die bekanntlich einen 'Sowohl-als-auch'-Sachverhalt ausdrückt, nicht einen 'Entweder-oder'-Sachverhalt wie die geschweifte.

5 Zu beachten ist wiederum die Klammer. Vgl. Anm. 4.

6 Die nach LEWANDOWSKI (1979: 576) dadurch definiert sind, daß "ein Morph ... zwei oder mehrere Morpheme trägt".

7 Vgl. ähnlich KLOEKES (1980) "Morphologische Verkettungsbedingungen" (passim).

Literatur

BIERWISCH, Manfred (1967): "Syntactic features in morphology: General problems of the so-called pronominal inflection of German". To honor Roman Jakobson: Essays on the occasion of his seventieth birthday. The Hague: Mouton: 239-270.

HOOPER, Joan B. (1980): "Child morphology and morphophonemic change". FISIAK, Jacek (ed.): Historical morphology. The Hague etc.: Mouton: 157-187.

JAKOBSON, Roman (1971): "Das Nullzeichen". JAKOBSON, Roman: Selected Writings II. Word and Language. The Hague etc.: Mouton: 220-222. Zuerst in: Bulletin du Cercle Linguistique de Copenhague 5 (1940).

KLOEKE, Wus van Lessen (1982): Deutsche Phonologie und Morphologie. Merkmale und Markiertheit. Tübingen: Niemeyer.

LEWANDOWSKY, Theodor (1979): Linguistisches Wörterbuch II. 3. Aufl. Heidelberg: Quelle & Meyer.

LOUNSBURY, F. G. (1957): "Oneida verb morphology". JOOS, M. (ed.): Readings in Linguistics. New York: 379-385. Abdruck von LOUNSBURY, F. G. (1953): Oneida verb morphology. New Haven: Yale University: 11-24.

MATTHEWS, Peter H. (1972): Inflectional morphology: A theoretical study based on aspects of Latin verb conjugation. Cambridge: University Press.

MAYERTHALER, Willi (1981): Morphologische Natürlichkeit. Wiesbaden: Athenaion.

DEUTSCHE DIALEKTE UND FREMDE SPRACHEN. TEIL III: PRONOMINALE SUBJEKTSENKLISE

Karl-Hermann Körner

0.1. Im ersten Beitrag (KÖRNER I 1982) dieser Serie zu übereinzelsprachlichen Korrelationen ("Universalien"), die in deutschen Dialekten und romanischen Sprachen zugleich ausgeprägt sind, wollten wir belegen, daß die Vitalität der Verbalkategorie "Aspekt" in einer beliebigen Sprache L Hand in Hand geht mit der Neigung zur Nichtdifferenzierung jener fundamentalen morphosyntaktischen Kategorien, die sonst als "Nomen" und "Verb" getrennt werden. Daß nicht nur westdeutsche Dialekte ("er war am Lesen", "was ich noch gesagt haben wollte") oder Soziolekte einerseits und die romanische Weltsprache Portugiesisch andererseits entsprechende (und von uns erläuterte) Beispiele sind, geht aus wichtigen Beiträgen zu der so umfangreichen "Aspekt"-Forschung hervor. So bereits aus jenen Klassikern der Vergleichenden Sprachwissenschaft, die, wie z.B. VENDRYES (1923/1968: 119, 137) beim Semitischen, erkennen lassen - ohne dies ausdrücklich anzumerken - daß die Sprachen, die "Aspekt" statt (oder wenigstens neben) "Tempus" haben, auch die Sprachen sind, bei denen es falsch wäre, die übliche Trennung von "Nomen" und "Verb" zu unterstellen. Auch die Auflistungen von "primitiven" (im Sinne von "ursprünglichen") Strukturmerkmalen, zu denen, wie jüngst POHL 1972: 21-24 (Merkmale 7 und 8) in Erinnerung gerufen hat, "Aspekt" (statt "Tempus") und "Nichttrennung von Nomen und Verb" zugleich gehören, könnten hier angeführt werden. Eine besondere Erwähnung verdient der Aufsatz von LOHMANN (1937 und sicher auch seine partielle Entsprechung BENVENISTE 1952/1968) und von den neueren Arbeiten ANDERSON 1973. Solche Arbeiten zeigen, daß unsere Vermutung

(KÖRNER I 1982: 153) um so mehr Halt finden kann, je mehr und je verschiedenere Einzelsprachen von den Aspekttheoretikern jeweils berücksichtigt werden. Johannes Lohmann konnte die ihn sehr irritierende und wohl noch heute offene Frage nach einem eventuellen nominalen Ursprung des (ja zunächst nie temporalen) "Perfekts", die er zum faszinierenden Titel seiner Studie machte, nicht einfach mit einem glatten Nein beantworten, trotz all seiner wertvollen Korrekturen an den semantischen und formalen Herleitungen in dem von ihm besprochenen Aufsatz O. Grünenthals. Aus John Anderson's "lokalistischer", d.h. auch, grundsätzlich einen nominalen Charakter der jeweiligen Verbform voraussetzender Aspekttheorie, kann in unserem Zusammenhang (wegen KÖRNER I 1982: 154, Anm. 4) die folgende einfache - und durchaus nicht banale[1] - Feststellung zur englischen Verlaufsform genügen: "Thus there is evidence that the absence of a locative preposition in Contemporary English is only superficial and that the progressive form is a verbal noun" (ANDERSON 1973: 21/22).

0.2. In dem zweiten der jeweils auf wenige Seiten zu begrenzenden Beiträge (KÖRNER II 1983) hatten wir den bairischen Dialekt und die französische Sprache auf die Ausprägung einer Korrelation im Artikel-System untersucht: es ging uns darum, zu zeigen, daß besonders solche Sprachen, die - anders als das derzeitige Standarddeutsche oder das Altfranzösische - k e i n e n Null-Artikel in ihrem Artikelsystem haben, über eine besondere Artikelform ("Teilungsartikel") für "unbestimmte Mengen", für "nicht-zählbar", verfügen: de l'argent - à Gäid ("ein Geld" statt hochdeutsch "Geld").

0.3. Anläßlich der heute zu beleuchtenden dritten Korrelation, die sowohl in süddeutschen Dialekten wie auch im Engadinischen als eine regelmäßige Ausnahme von der Subjektsenklise registriert wurde, soll es uns nicht mehr nur um eine vermutliche Sprachen-Universalie, sondern darüber hinaus auch um so etwas wie eine vermutliche Kommunikations-Universalie gehen.

1. Wenigstens der (z.B. am Murnauer Goethe-Institut Deutsch lernende) Ausländer mag Schwierigkeiten haben, wenn er die derzeitigen Öffnungszeiten des Frisörs in Murnaus Hauptstraße erkunden will. Er hat sich nach folgendem Aushang ("Unsere Geschäftszeiten") im Schaufenster zu richten:

O fanga dea<u>ma</u> um achte!
Midog mach<u>ma</u> nia,
aufhearn dea<u>ma</u> um sechse
Samsdog scho um zwoa.
Mondog mach<u>ma</u> blau!

Die wichtigste Information, die wechselnde Uhrzeit, findet sich jeweils am Ende der 5 Sätze; im Verhältnis zu diesem rhematischen Teil ist die einleitende allgemeine Zeitbestimmung (auch als Infinitiv) zwar "thematisch", doch bilden beide Zeitbestimmungen jeweils gemeinsam das "Rhema" gegenüber dem wenigst informativen Teil der Aussage ("Thema"), der hier als finites Verb auftritt und innerhalb dessen die Subjektsangabe noch weniger interessant ist als in Sätzen, wo üblicherweise das finite Verb als Prädikat oder Rhema wirkt. Solche enklitischen Subjektspronomen wie das im Text von uns hervorgehobene -<u>ma</u> wurden mit Recht von LACHNER 1978 : 81 ff. als "leichtere" Fürwörter von den "gewichtigeren" abgehoben, von denen sie sich in der Funktion und - anders als im Standarddeutschen - auch in der Form unterscheiden, der "gewichtigere" Partner unseres -<u>ma</u> z.B. heißt im Bairischen <u>mir</u>. Solche "leichteren Fürwörter", also formal deutlich unterschiedene Subjektsenklitika, sind dem Romanisten aus dem Engadinischen bekannt, wo ihre Auftretensbedingungen mehr oder weniger der oben beschriebenen

"Unterthematisierung" entsprechen. Vergleicht man die Ausführungen der Grammatiken des Bairischen und des Engadinischen zu diesen Subjektsenklitika, so ergibt sich eine weitere Parallele: Im Bairischen wie auch im Engadinischen scheint die Interpretation der Enklise im Falle der 2. Person nicht einheitlich und die gleichen Probleme aufzuwerfen. So stellt LACHNER 1978 : 81, 83 neben das "gewichtigere" du als "leichteren" Partner die Form d und erläutert Freilĭ hostmĭ gsägn als "ursprünglich Freilĭ hostdmĭ gsägn ('Freilich hast Du mich gesehen')". Und VONMOOS 1942 : 76 sagt bei seiner Behandlung der "angehängten Form des persönlichen Fürwortes" im Engadinischen anläßlich seines Beispielverbs "gehen" zu uossa vešt (oberengadinisch "jetzt gehst du", unterengadinisch: uossa vašt) und zu uossa giais (obereng. "jetzt geht ihr", entsprechend untereng.): "In den Formen vešt (vašt) und giais ist das angehängte Fürwort tü, vus in die Verbalform eingeschmolzen". Diese Ansicht vom Einschmelzen, also bloß phonetischer aber nicht morphologisch-syntaktischer Abwesenheit, scheint auch HODLER 1969 zu teilen, der einen anderen oberdeutschen Dialekt, das "Berndeutsche" (allerdings ohne näheres Eingehen auf dessen Subjektsenklise) untersucht hat und der vom "Schwund des nachgestellten Pronomens infolge einer lautlichen Assimilation oder infolge der Dünne des Lautkörpers" (1969 : 190, § 119 und 328, § 237) besonders bei der 1. und 2. Pers. Sing. spricht. Ehe wir weiter unten die schweizerdeutschen Beispiele betrachten, sei zunächst betont, daß die anderen Grammatiker des Bairischen und Engadinischen zwar wie die angeführten die entsprechenden Formen für die 2. Pers. Sing. und Plural registrieren, also ebenfalls die Abwesenheit einer "du"- bzw. "ihr"-Enklise innerhalb des Enklise-Paradigmas konstatieren, sie aber nicht als eine bloß lautlich bedingte Null-Form eines funktionell anzusetzenden "du"- bzw. "ihr"-Morphems ausgeben. So erlauben z.B. sowohl ARQUINTs (1964 : 12) Darstellung der engadinischen Verhältnisse (a) wie auch das entsprechende Paradigma zum Bairischen (b) in MERKLE 1975 : 124 die Auffassung, daß überhaupt kein Morphem (und damit auch keine Assimilation) für die 2. Person Singular und Plural anzusetzen ist:

a) Unterengadinische Subjektsenklise:

eu invlid	invlid eu	→	invlida (= "vergesse ich")
tü invlidast	invlidast tü	→	invlidast (= "vergißt du")
el invlida	invlida el	→	invlida'l (= "vergißt er")
ella invlida	invlida ella	→	invlid'la (= "vergißt sie")
no invlidain	invlidain no	→	invlidaina (= "vergessen wir")
vo invlidaivat	invlidaivat vo	→	invlidaivat (= "vergeßt ihr")
els invlidan	invlidan els	→	invlidna (= "vergessen sie" m.)
ellas invlidan	invlidan ellas	→	invlidna (= "vergessen sie" w.)

b) Bairische Subjektsenklise:

ich = à	:	jetz håwà di (= "jetzt habe ich dich")
du = -	:	kimsd riwà? (= "kommst du herüber?")
er = à	:	wås håd à denn? (= "was hat er denn?")
sie = s/sà	:	jetz kimds (= "jetzt kommt sie")
es = s/sà	:	gfåids dà? (= "gefällt es dir?")
wir = mà	:	sång mà (= "sagen wir")
ihr = -	:	gädd s mid (= "geht ihr mit?")
sie = s/sà	:	sàn s need dàhoàm (= "sind sie nicht daheim!")

Daß es auch im Bairischen betonte Nachstellung gibt mit den sonst vorn erscheinenden Formen (Sigsdàs du? MERKLE 1971 : 131), daß die Variation s/sà bei der 3. Person kombinatorisch geregelt ist und schließlich, daß das im Standarddeutschen fehlende s in gädd s mid keine Subjektmarkierung, sondern ein Pluralzeichen ist (das geht schon daraus hervor, daß dieses s auch nicht verschwindet, wenn ein betontes Pronomen dazutritt)[2], sei nur der Vollständigkeit halber und nur am Rande angemerkt.

Liegt nun bei der dialektdeutschen und engadinischen Subjektsenklise im Falle der 2. Person eine gemeinsame phonetische Erscheinung, eine bloß lautliche Assimilation vor oder aber ein Ausbleiben der Subjektmarkierung, also eine syntaktische Regelmäßigkeit? Und wenn das zweite der Fall sein sollte - was ist dann der Grund für das Ausbleiben des du/ihr-Subjekts?

2. Zur Beantwortung der beiden gestellten Fragen ist eine Studie von großem Wert, die einer uns hier weniger interessierenden Frage der unterengadinischen Verbalmorphologie gewidmet ist. Es geht HAIMAN 1971 bei seiner Erklärung des unterengadinischen Endungswechsels (-áis bzw. -is werden durch die dem Imperfekt entlehnten -áivat bzw. -ìvat als 2. Plur. Präs. ersetzt) vor allem darum, die das Unterengadinische - auch gegenüber dem Oberengadinischen - kennzeichnende starke und konstante Tendenz herauszuarbeiten, Verbformen grundsätzlich nur auf der zweitletzten Silbe zu betonen ("penultimate stress target"). Wichtiger als die methodische Entsprechung zu dem, was wir oben an LACHNER 1978 und an VONMOOS 1942 als Neigung erkannt haben, etwas phonetisch zu erklären, das vielleicht auch - oder sogar allein - syntaktisch erklärt werden sollte, ist nun, daß Haiman in seiner Arbeit 1. an einer Stelle (803, 8o4) die engadinische und dialektdeutsche Subjektsenklise am Beispiel des Schweizerdeutschen zusammenstellt und 2. daß er daran erinnert, daß es für Subjektspronomina der 2. Person überhaupt, also auch nicht-enklitische, "an independent syntactic rule of pronoun deletion in a variety of languages" (HAIMAN 1971 : 804, Hervorhebung durch uns) gibt: "Let us call it '2-deletion'".

2.1. In Zusammenhang mit dem aus Chur stammenden dialektdeutschen Beispiel Haimans, das er für "du hast" als du hasch und für "hast du" als hasch ø transkribiert, verdienen auch die Beispiele wie die bei HODLER 1969 : 188, 328 und 709 für das Berndeutsche Auffindbaren Beachtung, also z.B. Hesch-gnue? oder Wosch jetze, Löl du?!: es scheint nur schwer vorstellbar, warum hier ein Dental verschwinden sollte - wie man es als Assimilation im Bairischen allenfalls annehmen könnte, wüßte man nicht um die außerbairische Verbreitung der Du-Form-Abwesenheit und um die Plural-Parallelität, also um die Ihr-Abwesenheit. Wenn wir richtig sehen, gibt es auch unter den bislang[3] im Althochdeutschen gesammelten Formen für Subjektsenklitica (vgl. SONDEREGGER 1974 : 202) die ja (per definitionem) eindeutig von den entsprechenden "betonten" Pronomina abweichen, k e i n e für die 2. Person.

2.2. Da die Vermutung einer morphosyntaktischen Abwesenheit des du/ihr-Pronomen (anstelle eines bloß phonetischen Gestaltschwundes) nicht ohne weiteres ausgeschlossen werden kann, ist die Frage berechtigt, ob sie so etwas wie eine Universalie darstellt. Obwohl HAIMAN 1971 um die Weglaßbarkeit des Pronomens der 2. Person in vielen Sprachen und auf vielen Sprachstufen weiß und sogar im Englischen (803) herausarbeitet, kann er darin mit Recht noch keine Universalie sehen. Vielleicht gilt sie aber dann, wenn man anders als Haiman ihre Gültigkeit auf die Sprachen mit Subjektsenklise einschränkt und sie als bloße Korrelation formuliert: "Da wo (deutlich von der Normalform des Pronomens abweichende) Subjektsenklitica vorliegen, gibt es sie nicht für die 2. Person". Eine solche Formulierung würde der bei unserer Analyse der Beispiele im obigen Abschnitt 1 (Frisör-Geschäftszeit) herausgearbeiteten "Unterthematisierung" entsprechen: wenn es für diese schon ein besonderes Formeninventar gibt, muß der immer bestehende Abstand zur noch größeren Selbstverständlichkeit der in den meisten Kommunikationsmodellen (sei es als "perlokutiv" oder bloß "appellativ") registrierten du/ihr-Funktion durch eine noch eindeutigere Formreduktion regelmäßigen Ausdruck finden - genau so regelmäßig wie bei der verbreitetsten Grammatikalisierung der du/ihr-Funktion, dem ja normalerweise subjektlosen Imperativ[4].

Zu einer solchen Auffassung würden gut die Erfahrungen der Art passen, wie sie z.B. auch HODLER 1969 : 332 in deutlichem Widerspruch zu seiner oben (Abschn. 1) zitierten Behauptung machen mußte und die er anläßlich Geisch? Wann geisch? Weisch was? etc. im Berndeutschen wiedergibt: "Das Pron. der 2. Pers. Sing. kann i m m e r wegfallen. So in der Frage und Inversion ..."

3. Obwohl es im vorstehenden Beitrag gar nicht um eine h i s t o r i s c h e Herleitung der Subjektsenklise in einer - deutschen Dialekten (mit Subjektsenklise) benachbarten und von diesen sonst deutlich mitgeprägten - romanischen Sprache ging, ist vielleicht doch anzumerken, daß die engadinische Subjektsenklise keine Entlehnung aus deutschen Dialekten sein muß: Die von uns "Unterthematisierung" genannte Erscheinung, die "unbetonte" Form des Subjektpronomens dem finiten Verb anzuhängen, ist auch genuin romanisch, sie ist bekanntlich (vgl. zuletzt U. WANDRUSZKA 1982 : 53, 58) im Italienischen bis zum 19. Jahrhundert ("Stimossi egli dunque tenuto a prevenire l'impressione, che ...", Giacomo Leopardi) und noch heute im Französischen, nicht nur nach direkter Rede, auffindbar: "A peine était-il sorti..." Aus welchen guten syntax-typologischen Gründen dieses Phänomen jetzt dem Französischen mehr und mehr fremd werden dürfte, kann in unserem Zusammenhang unerwähnt bleiben[5].

Fußnoten

1. COMRIE 1976 : 130 umgeht ausdrücklich die Diskussion mit ANDERSON 1973, wenn er nur die s e m a n t i s c h e Seite des "localistic approach" erwähnt und nicht die morphosyntaktische.

2. Auch der normalerweise ohne Subjektpronomen auftretende Imperativ Plural kann auf dieses s nicht verzichten, vgl. z.B. MERKLE 1975 : 126 : "Kauft Rettiche, Leute = Kåffds Rådi, Leid!"

3. Bei EGGENBURGER 1961 haben wir kein Inventar der Subjektsenklitica gefunden, wenngleich sie dort vermutlich besonders aus Otfrid belegt sein dürften.

4. Zur Präsupposition der Du-Funktion des Imperativs und damit seiner Dialogkonstitution vgl. auch die textlinguistische Untersuchung KÖRNER 1973 zum Theater.

5. Einen Teil des syntax-typologischen Gesamtzusammenhangs, in dem wohl die r o m a n i s c h e Besonderheit der engadinischen Subjektsenklise - auch gegenüber anderen rätoromanischen Idiomen ohne entsprechende Subjektsenklise - letztlich zu sehen ist, haben wir in KÖRNER 1983 (Festschrift Siebenmann) zu erhellen versucht. Bislang ist es uns allerdings nicht gelungen, die Abwesenheit (normalerweise dem Verb vorangehender) "unbetonter" Subjektpronomen überhaupt in der Mehrzahl der romanischen Sprachen, darunter Spanisch und Portugiesisch, in einen solchen Gegensatz zu den französischen und italienischen Verhältnissen zu stellen und zu interpretieren, daß daraus die nicht-französische oder nicht-italienische Subjektsenklise des Engadinischen erklärlicher wird.
Daß auch im Althochdeutschen gelegentliche "Einsparung" des Subjektpronomens und gelegentliche pronominale Subjektsenklise zusammengehen, ist bislang, wenn wir richtig sehen, gänzlich unbeachtet geblieben.

Literatur

ANDERSON, John (1973): An Essay Concerning Aspect. The Hague/Paris: Mouton

ARQUINT, Jachen (1964): Vierv ladin. Tusan: Lia Rumantscha.

BENVENISTE, Emile (1952/1964): "La construction passive du parfait transitif". Bulletin de la Société de Linguistique de Paris 18, 1952, 52-62, dann in Benveniste, E.: Problèmes de Linguistique générale, Paris 1968: 176-186.

COMRIE, Bernard (1976): Aspect. An introduction to the study of verbal aspect and related problems. Cambridge: University Press.

EGGENBERGER, Jakob (1961): Das Subjektpronomen im Althochdeutschen. Chur (Diss. Zürich).

HAIMAN, John (1971): "Targets and Paradigmatic Borrowing in Romantsch". Language 47: 797-809.

HODLER, Werner (1969): Berndeutsche Syntax. Bern: Francke.

KÖRNER, Karl-Hermann (1973): "El comienzo de los textos en el teatro de Calderón: contribución al estudio del imperativo en la lengua literaria". FLASCHE, Hans (ed.): Hacia Calderón, Segundo Coloquio Anglogermano. Berlin/New York: de Gruyter: 181-190.

--- (I, 1982): "Deutsch für Inländer. Zur Korrelation von er war (den Brief) am Schreiben mit was ich noch gesagt haben wollte". DETERING, Klaus et alii (eds.): Sprache beschreiben und erklären. Akten des 16. Linguistischen Kolloquiums Kiel 1981. I. Tübingen: Niemeyer: 147-156.

--- (II, 1983): "Le système des articles français vu depuis la Bavière". JONGEN, René et alii (eds.): Sprache, Diskurs und Text. Akten des 17. Linguistischen Kolloquiums Brüssel 1982. I. Tübingen: Niemeyer: 70-80.

--- (1983): "Von unterengadinischer und lateinamerikanischer Syntax". Festschrift für Gustav Siebenmann zum 23. Oktober 1983. Erlangen.

LACHNER, Johann (1978): 999 Worte Bayrisch. München: Süddeutscher Verlag.

LOHMANN, Johannes (1937): "Ist das idg. Perfektum nominalen Ursprungs?" Zeitschrift für vergleichende Sprachforschung ... begründet von A. Kuhn. [KZ 64]: 42-61.

MERKLE, Ludwig (1975): Bairische Grammatik. München: Heimeran.

POHL, Jacques (1972): L'homme et le signifiant. Paris/ Bruxelles: Nathan/Labor.

SONDEREGGER, Stefan (1974): Althochdeutsche Sprache und Literatur. Eine Einführung in das älteste Deutsch. Berlin/New York: de Gruyter.

VENDRYES, Joseph (1923/1968): Le langage. Paris: Alban Michel.

VONMOOS, Jon (1942): Lehrbuch der Ladinischen Sprache. Thusis: Uniun dals Grischs.

WANDRUSZKA, Ulrich (1982): Studien zur italienischen Wortstellung. Tübingen: Narr.

DIE VERBUM PRIMO LOCO-HYPOTHESE ODER VORSCHLÄGE FÜR EINE THEORIE ZUR GENESE DES TEILUNGSARTIKELS IN DEN ROMANISCHEN SPRACHEN

Herwig Krenn

Das grammatische Phänomen "Teilungsartikel", das man in vier der zehn romanischen Sprachen vorzufinden glaubt, und zwar im Französischen, Italienischen, Provenzalischen und Sardischen, wird in den wenigen Arbeiten, die sich mit seiner Genese beschäftigen, grundsätzlich bzw. ausschließlich als eine romanische Innovation angesehen.[1] Meist wird diese in den einzelnen romanischen Sprachen erfolgte Neuerung auch zeitlich sehr spät angesetzt; beispielsweise heißt es bei WOLF/HUPKA(1981)p.155: "Die als Teilungsartikel bezeichnete Konstruktion läßt sich erst seit dem 12.Jh. im Afr. nachweisen und bleibt bis zum 15.Jh.selten."[2]
In seiner Besprechung der idealistischen sprachwissenschaftlichen Methode berichtet VIDOS(1968,pp.114-117) von Vossler, daß dieser die Entstehung des Teilungsartikels in Frankreich gegen Ende des Mittelalters im 14.und 15.Jh. ansetze und mit dem damaligen Aufkommen "einer beschränkten,berechnenden Kaufmannsgesinnung" in einen kausalen Zusammenhang brachte.VIDOS versucht zu zeigen, daß das "Auftreten des Teilungsartikels im Französischen mit dem Krämersinn des späten Mittelalters nichts zu tun hat"(p.115), indem er vor allem auf das Vorkommen beziehungsweise Nicht-Vorkommen des Teilungsartikels in den Sprachen Italienisch, Spanisch und Rumänisch hinweist und auf diese Weise Vossler mit seinen eigenen Argumenten zu schlagen versucht.[3]
Für VIDOS stellt das Aufkommen des Teilungsartikels einen innersprachlichen Wandel dar, der durch Lautwandel und durch das kommunikative Bedürfnis nach größtmöglicher Klarheit der Aussage hervorgerufen wurde. Weil durch das Schwinden des auslautenden -s im Französischen der Singular und Plural nicht mehr auseinandergehalten werden konnten, mußte ein Singular-Plural-Differenzierer gesucht werden. Nach VIDOS ist dies eben die Teilungsartikelform d e s . Zur VIDOSschen These soll hier nur festgestellt werden, daß dort die Teilungsartikelvorkommen des Singulars(frz. du/de l'/de la) beziehungsweise des parti-

tiven d e unterschlagen werden.[4] VIDOS, so hat es den Anschein, verfügt über keinen klaren Begriff des Gesamtphänomens TEILUNGS-ARTIKEL.Außerdem stellt er unrichtige Behauptungen bezüglich der italienischen Teilungsartikelverhältnisse auf.[5] In unserem Zusammenhang ist es wichtig zu sehen, daß auch VIDOS trotz seiner andersartigen Erklärung der Entstehung des Teilungsartikels die Genese dieses Phänomens relativ spät ansetzt, jedenfalls nach dem Schwund des auslautenden - s.
Die Entstehung des Teilungsartikels in den romanischen Sprachen wird bei VIDOS auf keinen Fall mit der lateinischen Sprachstruktur in Zusammenhang gebracht. Es heißt zwar auf p. 115: " Im Lateinischen hieß es b i b e r e a q u a m , p a n e m e d e - r e ; das Vulgärlatein führte zuerst das partitive Objekt mit d e ein(b i b e r e d e a q u a); dieses Verfahren ist im Lauf der Zeit immer allgemeiner gebräuchlich geworden und hat dank seiner Ausdruckskraft in der Volkssprache den partitiven Genitiv verdrängt....". Damit wird von VIDOS nur auf einen möglichen Ausgangspunkt innerhalb des Lateinischen hingewiesen, aber es wird nicht erklärt, warum beispielsweise b i b e r e a q u a m zu b i b e r e d e a q u a umgestaltet wurde. Das heißt, warum man zum Zeitpunkt dieser Sprachentwicklungsphase nicht einfach den neuen "Monokasus", der ohnedies aus dem Akkusativ des Lateinischen hervorging, verwendet hat. Außerdem übersieht VIDOS,daß im Falle des Beispieles b i b e r e a q u a m ja überhaupt kein lateinischer Genitivus partitivus vorlag, der verdrängt hätte werden müssen.

In meinem Beitrag möchte ich versuchen, die Entstehung des Teilungsartikels beziehungsweise der in vier romanischen Sprachen vorfindbaren "Unbestimmtheitskategorien" als eine bereits im klassisch-lateinischen Sprachsystem angelegte romanische Entwicklung zu begreifen.[6] Mit meiner Theorie kann ich allerdings nicht erklärlich machen, warum nicht alle romanischen Sprachen ein Phänomen "Teilungsartikel" besitzen und warum sich eine "partitive"(= über einen Teilungsartikel verfügende) Romania gerade in der geographischen Mitte der Romania herausgebildet hat.Vgl.hierzu die Karte weiter unten.

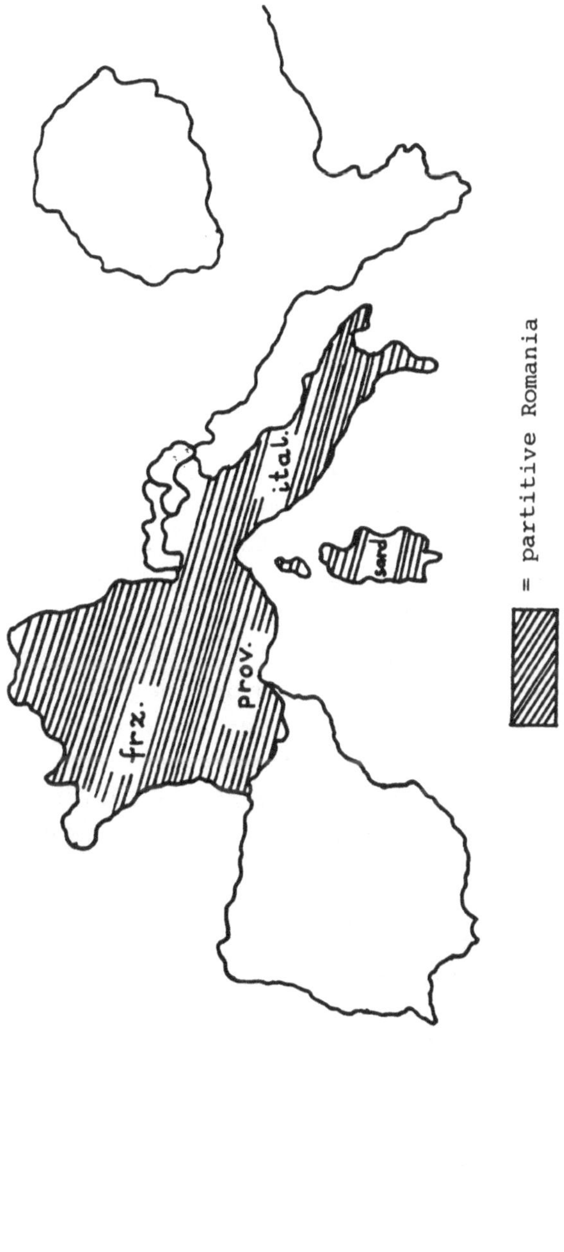
frz.
prov.
ital.
sard
= partitive Romania

Ich kann natürlich auch nicht erklären, warum die einzelsprachliche grammatische Regelung des Phänomens Teilungsartikel so verschieden ausfällt; man vergleiche in diesem Zusammenhang die relativ starre Teilungsartikel-Grammatik des Französischen mit der relativ lockeren Regelung desselben Phänomens in der italienischen Grammatik.[7]

Die verbum primo loco - Hypothese

Das klassische Latein weist gegenüber einer Sprache wie Französisch oder auch Italienisch eine dreifache Lücke auf:

- es besitzt keinen unbestimmten Artikel
- es besitzt keinen bestimmten Artikel
- es besitzt keinen Teilungsartikel

In einem berühmt gewordenen Ausspruch von QUINTILIAN(Inst.or. I,4,19) wird auf diese Lücke hingewiesen: "Noster sermo articulos non habet."

Gewöhnlich wird davon ausgegangen, daß lateinische Nominalphrasen aufgrund der fehlenden Artikelsysteme für sich genommem dreideutig sind und erst mithilfe des Kontextes, um es einmal ganz allgemein zu sagen, eindeutig gemacht werden. An diese semantische "Aufgeladenheit" lateinischer Nominalphrasen zu glauben, ist mir persönlich immer schon schwer gefallen.Wenn man sich einmal überlegt, was in Artikel-Monographien und -theorien zu artikelbesitzenden Sprachen bezüglich der Leistung und Funktionen von Artikeln alles angeführt wird, wird einem unklar, wie das Lateinische und andere Sprachen überhaupt auf Artikel verzichten können. Vor allem beginnt man am "alles rettenden Kontext" zu zweifeln.[8]

Nach allgemeiner bisheriger Annahme sollen die nachfolgend aufgeführten Nominalphrasen nur aufgrund des "Kontextes" ihre passende Interpretation erhalten haben:[9]

(1) <u>Nostri</u> celeriter <u>arma</u> ceperunt.
(+ def) (+def)

(2) Se in <u>castra</u> recepit.
(+def)

(3) ...in <u>silvas</u> repulerunt.
(+def/-def)

(4) ...obsidesque ultro misit...
(-def)(+part)

(5) Crassus equitum praefectos cohortatus ut ...
(+def) (+def)

(6) ...facilemque aditum habere
(-def)

(7) Secutum est bellum gestum apud Mutinam.
(+def/-def)

(8) ...quod hiems suberat,....
(+def)

(9) Edidit spectacula ....
(-def/+part)

(10) Dilexit et reginas ...
(-def/+part)

Zusammenfassend möchte ich feststellen, daß ich mich mit der Auffassung, daß lateinische Nominalphrasen grundsätzlich dreideutig sein sollen, das heißt, daß sie eine indefinite,definite und partitive Interpretation erst in Abhängigkeit vom Kontext und zwar vom semantischen erhalten sollen, nicht abfinden kann. Eine zweite, allgemein tradierte Ansicht der lateinischen Grammatik möchte ich ebenfalls in Frage stellen.In lateinischen Grammatiken und Abhandlungen wird ziemlich einmütig die Ansicht vertreten, daß die Wortstellung des personenbestimmten Verbs grundsätzlich frei sei, daß aber die Endstellung des Verbs überwiegen würde.Bei ERNOUT/THOMAS (1972) heißt es hierzu auf p.161:"Place dans la phrase.- Le verbe est habituellement en fin de phrase, sans doute par survivance, alors qu'en grec il se situe de préférence au milieu, comme en français."
Ich bin von dieser Freiheit der lateinischen Verbanordnung im Satz nicht überzeugt; meines Erachtens gab es im Lateinischen wirksamere als nur 'habituelle' Einschränkungen der Verbstellung. Wie ich weiter unten bei der Darstellung meiner verbum primo loco-Hypothese zeigen werde, konnte das Verb nicht immer in Endstellung gebracht werden. Beispielsweise dann nicht, wenn es als Indefinitheitsanzeiger der ihm nachfolgenden Nominalphrase fungieren mußte.Von ERNOUT/THOMAS(1972) wird diese Funktion der

Verbanordnung im Satz übrigens ausdrücklich geleugnet, wenn sie auf p.161 erklären: "Le maintien de la flexion nominale a fait que l'ordre des mots n'a jamais pris en latin de signification syntaxique,..."(Unterstreichung von mir)

Den Ausgangspunkt für meine Überlegungen zur verbum primo loco-Hypothese(abgek.: vpl-Hypothese) bildete der nachfolgend zitierte Satz aus Cornelius NEPOS(Atticus 5,1):

> Habebat avunculum Q.Caecilium, equitem Romanum,familiarem L.Luculli, divitem, difficillima natura: cuius sic asperitatem veritus est, ut ...

Ohne den nicht verfügbaren native speaker befragen zu müssen, glaube ich behaupten zu dürfen, daß in diesem Satz die Verbstellung von habebat gegenüber der Nominalphrase avunculum festgelegt ist und eine 'signification syntaxique' trägt. Die an die Satzspitze gestellte Verbform leitet einen neuen Absatz ein.Würde die Nominalphrase avunculum die Spitzenposition einnehmen,wäre das Rhema in Themaposition. Gegen diese Anordnung der als indefinit markierten Nominalphrase läßt sich von einer allgemein linguistischen und universell gültigen Warte aus argumentieren, auch ohne die Mithilfe und Bestätigung eines native speakers. Von dieser Einsicht oder besser von diesem festen Punkt ausgehend, habe ich mich ganz in Anlehnung an die chomskyanische Praxis des Hypothesenaufstellens daran gemacht, eine Behauptung betreffend die Abfolge des personenbestimmten Verbs und der von ihm abhängigen indefiniten Nominalphrase zu formulieren[10].Diese Behauptung bezeichne ich als verbum primo loco-Hypothese.Sie lautet im Klartext folgendermaßen:

> Wenn von einem personenbestimmten Verb eine Nominalphrase mit dem Merkmal (+indefinit) abhängt,muß dieses Verb der Nominalphrase vorausgehen beziehungsweise die erste Stelle (=primus locus) einnehmen.

Zum Nominalphrasenmerkmal (+indefinit) ist noch anzumerken,daß Nominalphrasen mit diesem Merkmal in den romanischen Sprachen nicht nur Nominalphrasen mit einem unbestimmten Artikel,sondern auch Nominalphrasen mit einem Teilungsartikel entsprechen können. Das Merkmal (+indefinit) umfaßt also aus romanischer Sicht auch das Merkmal (+partitiv). Vergleiche hierzu drei Beispiele![11]

emere hortulum	emere vinum	emere hortulos
(+indef)	(+indef)	(+indef)
	(+part)	(+part)

Bevor ich einige sprachliche Belege zur Untermauerung meiner vpl-Hypothese bringe, sei darauf hingewiesen, daß mir bezüglich der Syntax von Verb und Nominalphrase noch einige Sachverhalte unklar sind.Wie auch die Beispiele weiter unten zeigen, steht das Verb aufgrund seiner primo loco-Position zwar meist an der absoluten Spitze des Satzes, aber es kann durch andere Elemente von der Spitze "verdrängt" werden; beispielsweise durch die Konjunktion e t . Es müßte also noch geklärt werden, welche Kategorien beziehungsweise welche Elemente das personenbestimmte Verb von der Spitze verdrängen können und wieweit diese Verschiebung nach rechts erfolgen kann, wobei natürlich immer zu beachten ist, daß das Verb gegenüber der indefiniten Nominalphrase den ersten Platz einnimmt.
Eine andere Frage ist, ob die vpl-Hypothese auch für Nebensätze gilt. Wegen eines Cicero-Beispieles glaube ich allerdings, die vpl-Hypothese auf Hauptsätze beschränken zu müssen:

> Darius in fuga cum aquam turbidam bibisset, negavit umquam se bibisse iucundius. (Cic.Tusc.V,97)

Ich wage es auch nicht, die vpl-Hypothese auf Infinitive oder andere nicht-personenbestimmte Verbformen auszudehnen, denn in Caesar(Bellum Gallicum IV,2) geht die indefinite Nominalphrase vinum dem passiven Infinitiv inportari voraus:[12]

> Vinum ad se omnino inportari non sinunt,quod ea re ad laborem ferendum remollescere homines atque effeminari arbitrantur.

Das Problem gestaltet sich schließlich noch komplizierter, wenn beispielsweise zur indefiniten Nominalphrase ein attributives Adjektiv gehört, wie in der Kochbuchanweisung des Apicius:

Patinam ex lacte: nucleos infundas et siccos.
("Man tue auch trockene Nußkerne hinein!)

(Zitiert nach Sermo vulgaris Latinus,vulgärlateinisches Lesebuch,zusammengestellt von G.ROHLFS,Tübingen 1956[2],p.17)

Steht das Verb infundas an zweiter Stelle, weil der indefiniten Nominalphrase nucleos ein attributives Adjektiv folgt ? Oder weil infundas eine Art Imperativ ist, der aus der Reihe tanzt ? Oder gilt zur Zeit des Apicius die vpl-Hypothese nicht mehr ? Auch die Verwendung bestimmter deiktischer und pronominaler Formen könnte meines Erachtens die Gültigkeit der vpl-Hypothese einschränken. Vergleiche zu letzterem folgendes Beispiel aus Caesar(Bellum Gallicum I,26):

Ibi Orgetorigis filia atque unus e filiis captus est.

Nachfolgend einige Beispiele zur Untermauerung der vpl-Hypothese.Zunächst eine zusammenhängende Stelle aus dem Bellum Gallicum(V,12), die Beispiele enthält mit Verben in Erststellung und Nicht-Erststellung, wo sich aber alle Verbstellungen mithilfe der vpl-Hypothese erklären lassen:

Zeile

Britanniae pars interior ab iis incolitur quos ... Hominum est infinita multitudo creberrimaque aedificia fere gallicis consimilia, peccorum magnus numerus. Utuntur aut aere aut nummo aureo aut taleis ferreis ad certum pondus examinatis pro nummo. Nascitur ibi plumbum album in mediterraneis regionibus, in maritimis ferrum, sed eius exigua est copia; aere utuntur inportato. Materia cuiusque generis, ut in Gallia,est, praeter fagum atque abietem. Leporem et gallinam et anserem gustare fas non putant; haec tamen alunt animi uoluptatisque causa. Loca sunt temporatiora quam in Gallia,remissioribus frigoribus ...
In hoc medio cursu est insula quae appellatur Mona.

Die vpl-Hypothese gilt in den Zeilen 2,4,5-6 und 13. Die Nominalphrasen(infinita multitudo/aere,nummo aureo,taleis ferreis/plumbum album/insula) haben jeweils das Merkmal (+indefinit) beziehungsweise (+partitiv).[13]
Die vpl-Hypothese gilt nicht in den Zeilen 1,7,8,9-10 und 11. Die Nominalphrasen(pars interior/aere/materia/leporem,gallinam,anserem/loca) haben jeweils das Merkmal (+definit). Daher braucht das personenbestimmte Verb nicht primo loco gegenüber der Nominalphrase zu stehen.

Weitere Beispiele für Verbanordnungen nach der vpl-Hypothese:

Relinquebatur una per Sequanos uia, qua Sequanis invitis propter angustias ire non poterant. (Caesar,Bellum Gallicum I,9)

Mercatoribus est aditus, magis eo ut quae bello coeperint quibus vendant habeant,quam...(ibid.IV,2)

Erat ob has causas summa difficultas,quod naves... (ibid. IV,24)

Secutae sunt continuos conplures dies tempestates, quae....(ibid.IV,34)

Die folgenden Beispiele sind SUETON(Vies des douze Césars, Paris,Tome I,1967) entnommen:

Adiecit insuper Caesar etiam gladiatorium munus,... (X)

Edidit spectacula varii generis:...(XXXIX)

Adiecit epulum ac uiscerationem et post Hispaniensem uictoriam duo prandia. (XXXVIII)

Dilexit et reginas, inter quas Eunoen Mauram Bogudis uxorem, ... (LII)

Reliquit et rerum suarum commentarios Gàllici ciuilisque belli Pompeiani. (LVI)

Utebatur autem equo insigni ... (LXI)

Indefinite Nominalphrasen sind in Texten immer seltener anzutreffen als definite oder anderswie zu charakterisierende Nominalphrasen. Dies liegt vor allem daran, daß indefinite Nominalphrasen meist texteröffnende Funktion haben und das Rhema bilden, welches bei jeder weiteren Nennung nur mehr das Merkmal (+definit) haben kann. Beispiele für definite Nominalphrasen, die dem Verb vorausgehen können - für sie sind mir im Lateinischen keine Restriktionen bekannt-, lassen sich natürlich weitaus zahlreicher und vor allem schneller finden. Hier nur ein paar Beispiele:

> Causa transeundi fuit quod....(Caes.,Bell.Gall.IV,1)
>
> Nostri celeriter arma ceperunt eosque in silvas repulerunt. (ibid.III,28)[14]
>
> Reliquum exercitum Q.Titurio Sabino et L.Aurunculeio Cottae legatis...ducendum dedit; (ibid. IV,22)
>
> Postero die castra ex eo loco movent.(ibid.I,15)
>
> ...ex essedis desiliunt et pedibus proeliantur.Aurigae autem paulatim ex proelio excedunt atque ita currus conlocant, ut ... (ibid. IV,33)

Meine vpl-Hypothese sollte zunächst zeigen, daß lateinische Nominalphrasen nicht grundsätzlich vieldeutig sind und daß sie nicht erst durch den semantischen Kontext ihre eigentliche Interpretation erhalten, wie dies zumindest unausgesprochen immer angenommen wurde.Die vpl-Hypothese besagt, daß bestimmte Verbanordnungen gegenüber der vom Verb abhängigen Nominalphrase bereits die Interpretation der Nominalphrase bezüglich des Merkmales definit bzw. indefinit festlegen und daß nicht der Gesamtkontext oder der ganze Satz bemüht werden muß. Wenn beispielsweise eine Nominalphrase dem Verb, von dem sie abhängt, vorausgeht, ist dies bereits ein Index für ihre Definitheit; wenn sie ihm folgt, ist dies ein Index für ihre Indefinitheit.Auf die Heranziehung des übrigen semantischen Kontextes, wie groß er auch sein mag, kann in diesem Fall verzichtet werden.

Aus der Geschichte der Entwicklung des Lateinischen zu den romanischen Sprachen ist bestens bekannt, daß die Stellung des Verbs relativ früh einer Fixierung zustrebte. Eine Positionierung, die man heute als S-V-O(Subjekt-Verb-Objekt)-Stellung bezeichnet und für deren Zustandekommen die verschiedensten Argumente ins Feld geführt werden. Das älteste und immer noch beliebte Argument ist die Erklärung der Verbfixierung aufgrund des Kasusschwundes und der dadurch bedingten Schwierigkeit, in einem Satz wie Pater filium laudat verstehen zu können, welche Nominalphrase als Subjekt und welche als Objekt fungiert.[15]
Es bleibt unbestritten, daß die relativ freie Verbstellung des Lateinischen -sie bleibt trotz meiner kleinen Freiheitseinschränkung durch die vpl-Hypothese verglichen mit anderen Sprachen noch immer relativ frei! - in gesprochener und geschriebener Sprache immer mehr fixiert wurde.Alle romanischen Sprachen und Dialekte bestätigen diese Annahme.Durch den Eingriff der Sprachentwicklung in den lateinischen Freiraum der Verbstellung mußte natürlich der Gültigkeitsbereich der vpl-Hypothese in Mitleidenschaft gezogen werden; zumindest dort, wo es sich bei der dem Verb folgenden Nominalphrase um eine indefinite Subjekt-Nominalphrase handelte.Auch die Tatsache, daß immer mehr Personalpronomina im Subjektkasus gesetzt werden und daß auf diese Weise ein echtes Personalpronomen der dritten Person(Singular und Plural) entsteht, tragen zur allmählichen Auflösung der Gültigkeit der vpl-Hypothese bei.[16] Auf diese Weise geht die syntaktisch geregelte Kennzeichnung von Nominalphrasen verloren,da die Verbstellung für jegliche Markierungen ungeeignet wird.Sie ist ja auf einen einzigen Platz festgelegt.
Für die nachfolgenden sprachlichen Beispiele späterer Jahrhunderte muß angenommen werden, daß die vpl-Hypothese nicht mehr gilt:

> Baliscus enim fullo est, aqua dentes habet, et cor nostrum cotidie liquescit.[17] (Petron,Cena Trimalchionis 42,2)
>
> vasa, quibus recens et munda aqua praebetur,....(L.I. Moderatus Columella,De re rust.,VIII,33)
>
> semper tamen etiam canaliculi milio repleti adponuntur. (ibid.VIII,30)

...quae super se perticas non habent.
(ibid. VIII,17)

statim sancti monachi pro diligentia sua arbusculas ponunt et pomariola instituunt...
(Itinerarium Egeriae,III,6)

et tolle post ex luza et pisas.
(Compositiones Lucenses D 14, zit.nach G.Rohlfs,op.cit.)

Operantibus autem pueris et revolventibus ingentia saxa, venerunt ad os speluncae inveneruntque lapides magnos; quos revolventes faciebant murum, non tamen introierunt in antrum.[18]
(Gregor von Tours,zit.nach H.Morf,ed.,Auswahl aus den Werken des Gregor von Tours,Heidelberg 1922,p.19)

nunc lanceas et enses contra eo extendebant.
(Caesarius von Heisterbach,Dialogus miraculorum;zit. nach Hermann Schulz,Mittellateinisches Lesebuch)[19]

Als die Fähigkeit des Verbs, eine ihm folgende Nominalphrase als indefinit zu kennzeichnen, durch immer stärker werdende Fixierung des Verbs verlorengegangen war, mußte eine neue Nominalphrasenkennzeichnung gefunden werden. Dies war die Geburtsstunde des Teilungsartikels in den romanischen Sprachen. Es bot sich ein Verfahren an, das wir schon bei Plautus und sogar bei Cicero vorfinden können: den indefiniten Nominalphrasen wird die Präposition d e vorangestellt als Kennzeichen ihrer Indefinitheit.
Bei Plautus(Stichus 400) heißt es:

Ibo intro ad libros et discam de dictis melioribus.

und bei Cicero(Ad Atticum XV,18,1):

atque etiam scripsi ad Dolabellam me, si ei videretur, velle proficisci, petiique ab eo de mulis vecturae.

und (Flac 91):

...dat de lucro.

Handelte es sich bei der alten Kennzeichnung der Nominalphrasen durch Verbvoranstellung um eine syntaktische Kennzeichnung,so handelt es sich bei der neuen um eine morphosyntaktische Indizierung:

$$\boxed{V \quad NP_{(+indef)}} \longrightarrow \boxed{de + NP_{(+indef)}}$$

Weitere Beispiele für das neue Kennzeichnungsverfahren:

> ...,dederunt nobis presbyteri loci ipsius eulogias,
> id est de pomis, quae in ipso monte nascuntur.
> (Itinerarium Egeriae III,6)

Die nachfolgend zitierte Stelle aus Gregor von Tours ist auch deshalb besonders interessant, weil man meines Erachtens die Behauptung aufstellen darf, daß Texte,in denen die vpl-Hypothese nicht mehr gilt, das neue Verfahren kennen müssen.Der nachfolgende Text berechtigt zu dieser Behauptung:

> Pulverem de sacratissimo domni sepulchro exhibeant,et exinde mihi facito potionem....Tunc misso diacono ad antedictum beati praesolis tumulum, de sacrosancto pulvere exhibuit,dilutumque mihi porregunt ad bibendum.
>
> (zit.nach H.Morf,op.cit.p.10)

Die Anordnung von pulverem verstößt gegen die vpl-Hypothese; mit der Präpositionalphrase de sacrosancto pulvere liegt bereits das neue Kennzeichnungsverfahren für indefinite Nominalphrasen vor.[20]
Die drei weiteren Beispiele aus Gregor von Tours entnehme ich BONNET(1890,p.611):

> ut de puluere ...potui darent
> de sancta cera super eam posui
> in cuius aure de ipsa cera posuit

Die neue Nominalphrasenkennzeichnung durch d e ist ein Verfahren, das auch in der Nachfolgekonstruktion des lateinischen Genitivus partitivus benützt wird. Lateinische partitive Genitive wie granum salis, modius salis,vini gutta usw. -man beachte, daß der Genitiv von einem Substantiv ausgelöst wird und nicht wie de + NP von einem Verb [21]- mußten nach dem Kasusschwund präpositional umschrieben werden. Hierbei setzte sich die Präposition d e durch, so daß es noch heute im Französischen un litre de vin und im Italienischen un litro di vino heißt. Vergleiche hierzu bes. PALMER(1977,pp.352-53)u.REICHENKRON(1965,28) Dieser Zusammenfall in einer von d e eingeleiteten Präpositionalphrase könnte vielleicht der Anlaß dafür gewesen sein, daß zu einer späteren Zeit, als der bestimmte Artikel seinen festen Platz im Sprachsystem hatte, für die Kennzeichnung einer indefiniten und partitiven Nominalphrase die Kontraktionsformen aus de + bestimmter Artikel(z.B. du de le)verwendet wurden.Diese Kennzeichnung war aber nur mehr bei denjenigen Nominalphrasen vonnöten, die das Merkmal (+indefinit) plus (+partitiv) hatten. Für die nur indefiniten Nominalphrasen im Singular stand ja mittlerweile der unbestimmte Artikel zur Verfügung.

Postscriptum:
Mit meiner vpl-Hypothese beziehungsweise mit der Behauptung,daß die lateinische Verbstellung gar nicht so frei ist, wie man dies generell annahm und immer noch annimmt, befinde ich mich im Widerspruch zu BLAZER(1980), der auf p. 301 schreibt: "In Latin, however, there is little indication that word order ever consistently marked definiteness." Aus der vpl-Hypothese läßt sich nicht nur eine indefinite Kennzeichnung von Nominalphrasen ableiten, sondern genauso gut auch eine definite. Meines Erachtens hat BLAZER mit seiner Ablehnung von Definitheitskennzeichnung durch word order Unrecht.Auch wenn er auf p.302 einräumt, daß der lateinische Sprecher word order zum 'underscoring' einsetzen kann, bleibt er doch bei seiner Meinung, daß word order und Definitheitsmarkierung miteinander kaum etwas zu tun haben. VENNEMANN(1975) Versucht in seiner word order-Theorie eine kausale Verknüpfung von Kasusschwund, word order-Veränderung und Artikelentstehung. In meiner vpl-Hypothese habe ich versucht, eine solche zwischen Verbstellung, word order-Veränderung und Teilungsartikelgenese herzustellen.

Anmerkungen

1 Was die vier "partitiven" romanischen Sprachen betrifft, so ist man sich nicht immer im klaren, ob das Provenzalische dazugehört.Vgl. z.B. DE FOURVIERE(1973,pp.19-20):"En réalité, cet article(=l'article partitif) n'existe pas en provençal: on emploie la préposition d e . Ex. dounas-me de pan...". BAYLE(1975,p.36) sieht meines Erachtens zu Recht den bloßen Gebrauch von d e im Provenzalischen als partitives Phänomen an: "L'article partitif, qu'il détermine un nom masculin ou féminin, singulier ou pluriel, ne possède qu'une forme: d e ."

Das Provenzalische verwendet sozusagen den lateinischen Vorgänger des partitiven Artikels; schon beim Klassiker Cicero findet man die Präposition d e partitiv gebraucht(dat de lucro/petii ab eo de mulis vecturae);vgl.auch weiter unten.

Auch für die restlichen romanischen Sprachen ist es nicht einfach zu entscheiden, ob sie als partitive Sprachen zu betrachten sind oder nicht.DIEZ(1882,p.47) bringt Beispiele für Teilungsartikelvorkommen bei älteren spanischen und portugiesischen Dichtern(z.B. cogió del agua; comer de las viandas dañosas; hi ha de homens rüis).Schließlich verfügen das Katalanische, Rumänische und das Friulanische(als Vertreter des Rätoromanischen) ebenso wie das Spanische und Portugiesische über einen Plural des unbestimmten Artikels: unes(nach QUINTANA(1981)pp.43-44); unii/unele oder nişte ; uns/unis(nach MARCHETTI(1977)p.175);diese beiden Formen sind mittlerweile geschwunden, sie finden sich aber in friaulischen Texten des 14. und 15.Jahrhunderts. Dieser Plural des unbestimmten Artikels hat in den genannten Sprachen die Bedeutung des indefiniten Adjektivs "manche,einige" und kann damit teilweise einem Teilungsartikelvorkommen entsprechen. Die Plurale des unbestimmten Artikels stehen in einem gewissen Konkurrenzverhältnis zum Teilungsartikel und sie sind Nachfolger der in lateinischen Texten späterer Zeit sehr häufig verwendeten indefiniten Adjektive aliquot, aliquis und quidam. Diese drei indefiniten Adjektive sind in allen romanischen Sprachen und Dialekten geschwunden.An ihre Stelle sind in der partitiven Romania die Teilungsartikelvorkommen getreten oder neue indefinite Adjektive wie z.B. quelques im Frz. und alcuni im Italienischen.In der Romania ohne Teilungsartikel sind es entweder ebenfalls neue indefinite Adjektive oder die Plurale des aus Lat.unus abgeleiteten unbestimmten Artikels.
Diese teilweise ähnlich und gleichzeitig recht verschieden verlaufene Entwicklung der sprachlichen Bezeichnung von "Unbestimmtheitskategorien" erschwert die Gliederung der Romania unter einem partitiven Gesichtspunkt. Diese Gliederung bleibt letztlich eine Frage der Definition des Teilungsartikels. Versteht man unter Teilungsartikel etwas vage eine semantische Kategorie "unbestimmte Menge", wird es schwierig, eine partitive und nicht-partitive Romania aufrechtzuerhalten.Meint man hingegen mit Teilungsartikel

den Gebrauch der Präposition d e oder von d e + bestimmter Artikel im Gegensatz zu anderen meist von unus abgeleiteten Formen zur Bezeichnung einer unbestimmten Menge, - geht man also rein formal vor, dann läßt sich die eingangs vorgenommene Gliederung halten.

Auf ein interessantes, mit dem Teilungsartikel zusammenhängendes Phänomen des Rumänischen konnte ich in einem Vortrag anläßlich des 1.Arcade-Symposiums der Bochumer Gesellschaft für rumänische Sprache und Literatur im Juli 1983 hinweisen: Das Rumänische verfügt zwar über einen artikellosen Plural, z.B. dificile probleme internaţionale(schwierige internationale Probleme); im Genitiv muß aber vor diesem Plural die Genitivform des indefiniten Adjektivs unii stehen, ohne daß diese die Bedeutung "manche,einige" hat:

z.B. ...speranţe de rezolvare a unor dificile probleme internaţionale(Hoffnungen auf Lösung schwieriger internationaler Probleme)

aspectul unor lungi liste de crize(...langer Krisenlisten)

Der Genitiv kann mithilfe von de umschrieben werden; in diesem Fall steht die Pluralnominalphrase wieder in der Nullform:

un anumit tip de relaţii economice internaţionale

Vgl.dagegen: un anumit tip al unor relaţii economice internaţionale.

(ein bestimmter Typ intern. wirtschaftlicher Beziehungen)

2 Bei WOLF/HUPKA(p.155) heißt es weiter: "Die Funktion des neufranzösischen Teilungsartikels wird afr. jeweils ohne Artikel allein durch das Substantiv oder -zunächst vor allem nach Mengenadverbien(molt,assez etc.)- mit der Präposition d e ausgedrückt..." Hier bringen die beiden Autoren zwei nicht zusammengehörige Phänomene durcheinander.Bei molt de usw. handelt es sich um eine Nachfolgekonstruktion des lateinischen Genitivus partitivus und nicht um einen Teilungsartikel.Der Teilungsartikel wird vom Verb ausgelöst, der Genitivus partitivus bzw. de + NP hingegen von einem Nomen. Vgl.auch weiter unten.

3 VIDOS geht sogar soweit, die Frage zu stellen, warum das Englische oder gar Amerikanische, zwei "richtige Krämersprachen", nicht auch einen Teilungsartikel hervorgebracht haben.

4 Mit Recht betrachtet beispielsweise SPENCE(1983) die Präposition d e als partitives Phänomen: "There are certainly some plausible reasons for treating d e as a marker of the partitive."(p.2)

5 VIDOS' Behauptung, daß im Italienischen nur bei solchen "Wörtern"(warum nicht Substantiven?), bei denen sich Singular und Plural nicht unterscheiden, ein Teilungsartikel gesetzt wird, ist schlichtweg unrichtig. Das Beispiel 'conquisterò villaggi' ist ohne Teilungsartikel dei nur dann richtig, wenn der Satz irgendwie weitergeht und in 'conquisterò delle città' könnte der Teilungsartikel weggelassen werden, wenn beispielsweise città Bestandteil einer Aufzählung wäre. Für die Setzung oder Nicht-Setzung des Teilungsartikels im Italienischen sind also ganz andere Gründe verantwortlich zu machen als VIDOS meint. Vgl. in diesem Zusammenhang bes. KRENN/MERZ(1974).

6 Vgl. weiter unten die beiden Cicero-Beispiele: de mulis vecturae und de lucro.

7 Recht aufschlußreich ist in diesem Zusammenhang eine Aussage von DIEZ(1872,p.46):"Im Ital. hat sich der Gebrauch des Teilungsartikels gleichfalls sehr ausgebreitet, ohne jedoch so streng zu binden wie im Frz.: es wird eben sowohl gesagt sono anni, wie sono degli anni che ci conosciamo. Am ausführlichsten wird diese Frage von ROHLFS(1968)pp.115-119, im Band 'Morfologia' behandelt.

8 Daß BOURCIEZ(1930,p.100) auch nicht so recht an diesen Kontext glauben will, beweist meines Erachtens seine Begründung der Artikelgenese:"...et par un besoin croissant de précision, on a cherché instinctivement à indiquer le degré de détermination qu'avait le nom dans la phrase, et des démonstratifs comme ille, ipse, ont perdu à la longue la valeur emphatique qu'ils avaient."

9 Die Beispiele sind verschiedenen Schriftstellern entnommen; weil sie stark gekürzt sind, erspare ich mir die genaue Stellenangabe.

10 Nach Noam CHOMSKY darf man eine bestimmte Behauptung (Hypothese) solange aufrechterhalten, solange sie nicht durch ein sprachliches Beispiel widerlegt wird; wird die Behauptung durch die Sprachfakten widerlegt, ist die Hypothese entsprechend zu modifizieren.

11 Das Pluralvorkommen des Teilungsartikels d e s wird ohnedies von den meisten Grammatiken auch als Plural des unbestimmten Artikels aufgefaßt. Vgl. hierzu bes. WEINRICH(1969).

12 Vielleicht durchkreuzt hier die Negation die vpl-Hypothese. Aus der Grammatik des französischen Teilungsartikels sind derartige Störeinflüsse durchaus bekannt.

13/14 Man vgl.die französische Übersetzung in der Belles Lettres-Ausgabe: l'intérieur; on se sert de cuivre;de pièces d'or ou de lingots de fer; de l'étain; une île; les arbres; le lièvre,la poule,l'oie; le climat.

15 Auch VENNEMANN(1975) greift auf diese alte Erklärung zurück und bindet sie in eine Theorie ein, die allerdings auch die Entstehung des Artikels mit berücksichtigt.

16 Die Herausbildung einer echten dritten Person des Personalpronomens(Singular und Plural)die im Lateinischen fehlte,betrachte ich als eine der wichtigsten Sprachveränderungen der lateinisch-romanischen Sprachentwicklung. Vgl.hierzu KRENN(1984).

17 Die Verbform habet findet sich hier zwar in klassischer Endstellung,aber ein vor dentes stehendes habet könnte die Nominalphrase dentes nicht mehr als indefinit kennzeichnen.

18 Das Verb ist hier primo loco angeordnet, aber wie man von anderen Belegen bei Gregor von Tours weiß(z.B.Pulverem ...exhibeant), gilt die vpl-Hypothese zu dieser Zeit nicht mehr. Das Verb steht sozusagen nur per Zufall primo loco, weil im vorliegenden Beispiel die nachfolgende Nominalphrase jeweils eine Objekt-NP ist.

19 Bei Caesarius von Heisterbach kann man natürlich auch primo loco-Anordnungen finden.Für ihn gilt in diesem Fall aber auch, was in Anmerkung 18) zu solchen Anordnungen bei Gregor von Tours gesagt wurde:

Habebat enim uxorem nobilem ac dilectam.

Die zwei folgenden Beispiele sind allerdings lupenreine vpl-Anordnungen:

Erat enim aqua putens et fimosa,...
Fit clamor et strepitus discipulorum.

20 Mit diesem kleinen Textbeispiel aus Gregor von Tours verbindet mich eine besondere Erlebnisfreude.Bei meiner Überprüfung, wieweit die vpl-Hypothese für das Latein Gregors von Tours gelten würde, stieß ich zunächst nur auf Gegenbeispiele, das heißt, auf nicht Indefinitheit markierende Verbanordnungen. So nahm ich an, daß Gregor eine Ersatzkennzeichnung für Indefinitheit haben müßte und zwar eine, wie sie schon aus früherer Zeit bekannt ist(de + NP). Zu meiner Freude stieß ich kurz danach auf das Beispiel de sacrosancto pulvere exhibuit!

21 Vgl.Anm.2 weiter oben.

Literatur

BAYLE,L.(1975): Grammaire provençale. Toulon 1975[4].

BLAZER,D.(1980): Old French articles and word order change. In: Folia linguistica historica.Acta Societatis Linguisticae Europaeae I/2, 295-304.

BONNET,M.(1890): Le Latin de Grégoire de Tours.Paris.Reprographischer Nachdruck,Hildesheim 1968.

BOURCIEZ,E.(1930): Eléments de linguistique romane.Paris

DE FOURVIÈRES,X.(1973):Grammaire provençale suivie d'un guide de conversation. Avignon.

DIEZ,F.(1872): Grammatik der romanischen Sprachen.Band III, Bonn.

ERNOUT,A. & THOMAS,F.(1972): Syntaxe latine. Paris

KRENN,H.(1984): Eine Theorie zur Herausbildung des Personalpronomens der dritten Person in den romanischen Sprachen.(Unveröff.Ms.)

KRENN,H. & MERZ,G.(1974): Un fenomeno trascurato nella grammatica italiana: il partitivo. In: Studi italiani di linguistica teorica ed applicata Anno III,numero 3, 277-292.

MARCHETTI,G.(1977): Lineamenti di grammatica friulana.Udine.

PALMER,L.R.(1977): La lingua latina. Torino.

QUINTANA,A.(1981): Handbuch des Katalanischen. Barcelona.

REICHENKRON,G.(1965): Historische lateinisch-altromanische Grammatik.I.Teil.Wiesbaden

ROHLFS,G.(1969): Grammatica storica della lingua italiana e dei suoi dialetti.Morfologia. Torino.

SPENCE,N.(1983): Partitives and Mass-Nouns in French. In: Romanische Forschungen 95.Band,1-22.

VENNEMANN,T.(1975): An explanation of drift. In: Word order and word order change,ed.by Charles N.LI.Austin,269-305.

VIDOS,B.E.(1975): Handbuch der romanischen Sprachwissenschaft. München.

WEINRICH,H.(1969): In Abrede gestellt: der Teilungsartikel in der französischen Sprache.In: Philologische Studien für Joseph Piel.Heidelberg, 218-223.

WOLF,L. & HUPKA, W.(1981): Altfranzösisch.Entstehung und Charakteristik.Darmstadt.

ZUR SYNTAX DER PARTIZIPIALKONSTRUKTIONEN IM DEUTSCHEN
Ein Vergleich mit den Infinitivkonstruktionen[1]

Sigmund Kvam

1. Problemstellung

In dem vorliegenden Beitrag werden Partizipialkonstruktionen (PK) und Infinitivkonstruktionen(IK) in der deutschen Gegenwartssprache mit einander verglichen. Dabei wird der Versuch gemacht, IK und PK zu Infinitkonstruktionen zusammenzufassen und sie in diesem Rahmen weiter zu klassifizieren. Zum Schluß wird auf einige Besonderheiten der PK als multifunktionale Form kurz eingegangen.

Eine PK liegt in den folgenden Fällen vor:

(1) Die Krise vorausahnend, machte er viele Vorschläge.

(2) Der neue Palast, in knapp zwei Jahren aufgeführt,sah furchtbar aus.

Gegenstand der Untersuchung sind also freistehende, durch ein Satzzeichen - beim Sprechen oft durch eine Pause - abgetrennte PK[2], die außer der unflektierten Partizipialform mindestens ein von dieser abhängiges Element enthalten. Statusregierte Partizipialformen wie in

(3) Den Wagen verkauft hat er nicht, sondern ihn verschrottet!

(4) Peter wird von Paul betrogen.

werden nicht berücksichtigt. Wir verweisen hier auf BECH 1955, §5ff. sowie auf ASKEDAL 1982,159-161 und ASKEDAL 1983,178,181ff. Auf eine weitere Diskussion des 'Konstruktionsumfeldes' der PK[3] muß hier verzichtet werden.

Die hier dargelegten PK werden oft zusammen mit IK beschrieben.Als eine IK bezeichnen wir eine Struktur, die aus einem Infinitiv und mindestens einem von diesem abhängigen Element besteht wie in

(5) Peter versucht, das Buch zu lesen.

Gunnar Bech deutet in seiner großen Studie über die Infinitivformen im Deutschen(BECH 1955,1957) an, daß IK und PK auf derselben Grundlage beschrieben werden könnten: Eine IK und eine PK enthalten als Prädikat immer eine infinite Verbform und weisen im Gegensatz zu Sätzen keine finiten Merkmale auf wie Tempus, Modus und Person. Durch die Verwendung von morphologischen, syntaktischen und topologischen Kriterien werden wir im folgenden einen Vergleich der genannten Konstruktionen durchführen.

2. Zur Systematik der Infinitkonstruktionen

2.1. Morphologischer und transformationeller Vergleich

IK und PK weisen in morphologischer Hinsicht deutliche Gemeinsamkeiten auf. Sie enthalten beide kein Subjekt. Sie haben keine finite Verbform, dafür aber eine als Prädikat funktionierende infinite Verbform, d.h. ein Infinitiv oder ein Partizip. Außer dieser Infinitform enthalten sie wie in 1. erwähnt mindestens ein von dieser Größe abhängiges Element. Diese morphologischen Gemeinsamkeiten bilden eine wichtige Grundlage, IK und PK zu I n f i n i t k o n s t r u k t i o n e n zusammenzufassen.

Ein weiteres gemeinsames Merkmal der Infinitkonstruktionen ist die Rekonstruierbarkeit eines an der Oberfläche nicht realisierten Subjekts. BECH 1955 hat hierzu ein System von Orientierungsregeln entworfen (ebd.§22ff.). Er geht von der Grunderkenntnis aus, daß IK ein logisches Subjekt im Matrixsatz haben[4]. Dasselbe läßt sich auch für PK nachweisen, wie BUNGARTEN 1976 zeigt. Vgl. hierzu die Sätze

(1) Peter saß, ein Buch lesend, auf dem Stuhl.

(2) Peter versuchte, das Buch zu lesen.

wo in (1) <u>Peter</u> logisches Subjekt zu <u>saß</u> und <u>lesend</u>, in (2) logisches Subjekt zu <u>versuchte</u> und <u>zu lesen</u> ist. Wie BECH 1955 systematisch darlegt und BUNGARTEN 1976 mehrfach nachweist, ist das logische Subjekt einer Infinitkonstruktion mit verschiedenen Größen im Matrixsatz koreferent. Auf diese unterschiedlichen Möglichkeiten bzw. Orientierungsregeln wollen wir hier nicht eingehen, allerdings festhalten, daß Orientierung im Sinne von BECH 1955 ein Charakteristikum der Infinitkonstruktionen ist. Für eine transformationelle Beschreibung dieser Konstruktionen hätte dies zur Folge, daß bei der Ableitung von Infinitkonstruktionen Ausgangsstrukturen angenommen werden müssen, die im eingebetteten Satz eine Subjekts-NP enthalten, die bei der Transformation zu einer Infinitkonstruktion getilgt wird. Diese Gleiche-NP-Tilgung ist dadurch bedingt, daß die an der Oberfläche getilgte Subjekts-NP mit einer Größe im Matrixsatz koreferent ist. Es würde den Rahmen dieser Arbeit sprengen, auf alle möglichen Aspekte der Gleiche-NP-Tilgung einzugehen; wichtig bleibt, daß sie als gemeinsame, prinzipielle Basis bei der Ableitung von Infinitkonstruktionen angesehen werden könnte. Zur weiteren Diskussion dieser Ableitungsprobleme verweisen wir auf eine neulich erschienene Arbeit von Siebert-Ott, wo Bechs 'Orientierungsableitung' und andere, vorwiegend aus der TG stammenden Ansätze(z.B. das Prinzip der minimalen Distanz) diskutiert werden(SIEBERT-OTT 1983,23ff.).

2.2. Relationssyntaktischer Vergleich

Infinitkonstruktionen können selbstverständlich zerlegt werden in IK und PK; IK haben eine Infinitivform als Prädikat, PK eine Partizipialform. Abgesehen von diesen einleuchtenden Feststellungen lassen sich zwei Kriterien aufstellen, zu denen sich IK und PK komplementär verhalten.

Zum einen die von BECH 1955 entworfene Kategorie Status. Darunter versteht Bech die Fähigkeit eines Prädikats, gewisse Infinitformen eines Verbs zu regieren: Parallel zur Kasusrektion (z.B. <u>helfen</u> regiert den Dativ, <u>los</u> regiert den Akkusativ) gibt es auch eine Statusrektion, indem Prädikate wie <u>bereit</u> den 2. Status - einen Infinitiv mit <u>zu</u> - regiert, <u>müssen</u> dagegen den 1. Status - einen Infinitiv ohne <u>zu</u>[5]. Die Statusrektion und die parallel dazu laufende Statuskongruenz sind nur bei IK nachweisbar. Eine fehlende Statuskongruenz oder meinetwegen eine Statussynesis ist bei einer IK nicht möglich, vgl. hierzu

(1) Peter versuchte, den Koffer zu tragen und in den Wald zu flüchten/⁺flüchten.

Hier kann der 2. Status <u>zu tragen</u> nur mit einem Infinitiv im 2. Status (<u>zu flüchten</u>) koordiniert werden und eben nicht mit einem Infinitiv im 1. Status (<u>flüchten</u>). Auch in (2) müssen zwei Infinitive im 2. Status koordiniert werden:

(2) Peter ist gekommen, um die Schule zu besichtigen und mit den Lehrern zu sprechen/⁺sprechen.

Die Statusrektion kommt in den folgenden Beispielen zum Ausdruck:

(3) Peter versuchte, den Koffer zu tragen/+tragen.
(obl. 2. Status)

(4) Peter möchte den Koffer tragen/+zu tragen.
(obl. 1. Status)

Umgekehrt ist bei den PK keine Statusrektion nachweisbar, vgl.

(5) Den Sieg vorausahnend, spielten die Italiener noch defensiver.

(6) Vom Leistungsdruck befreit, spielten die Italiener noch defensiver.

sowie eine Statussynesis belegbar

(7) Peter flüchtete, den Koffer tragend und von der Polizei verfolgt, durch den Wald.

Bei IK ist somit ein Rektions- und Kongruenzverhältnis durch die Kategorie Status, d.h. statusregierende Verben, Adjektive, Substantive oder Präpositionen, nachweisbar, während PK als statusunabhängige, freie Angaben anzusehen sind.

Zum anderen liegt bei PK eine prinzipielle Umformbarkeit zu Partizipialattributen[6] vor. Ein Satz wie

(8) Die Fragen, von Peter gestellt, waren sehr interessant.

kann umgeformt werden zu dem erweiterten Partizipialattribut

(9) Die von Peter gestellten Fragen waren sehr interessant.

Bei IK sind entsprechende 'Infinitivattribute' als strukturelle Möglichkeit nicht gegeben[7], vgl.

(1o) Der Mann versuchte, die Fragen zu stellen.

(11) +Der die Fragen zu stellene Mann versuchte.

Somit erscheint das komplementäre Verhältnis der IK und PK zu den Kriterien Status und Umformbarkeit als ein wichtiges relationssyntaktisches Unterscheidungsmerkmal zwischen diesen Klassen der Infinitkonstruktionen.

Durch eine andere relationssyntaktische Kategorie, die Valenzrektion, muß jedoch auf die traditionelle Einteilung in PK und IK verzichtet werden. PK sind in jeder Hinsicht freie Angaben, sie gehören also nicht zur Valenz irgendeines Verbs, Adjektivs o.ä. Diese Aussage trifft allerdings auch für präpositional regierte IK zu: Obwohl in einer IK wie um das zu tun eine präpositionale Statusrektion[8] vorliegt, ist hier keine Valenzrektion der IK durch ein Verb, Adjektiv o.ä. im Matrixsatz nachweisbar, vgl. hierzu

(12) Peter ist gekommen,
hat viel gearbeitet,
ist früh aufgestanden,
hat ein Geschäft eröffnet, } um das zu tun

In dem Satz der Mann versuchte, die Fragen zu stellen ist dagegen die IK die Fragen zu stellen zweifellos eine Ergänzung des Prädikats versuchen, wie auch in den gängigen Valenzlexika vermerkt wird. In bezug auf Valenzrektion lassen sich also Infinitkonstruktionen aufteilen in PK und präpositional regierte IK als freie Angaben gegenüber den als Ergänzungen zu betrachtenden restlichen IK.

2.3. Topologischer Vergleich

Auch in topologischer Hinsicht wird die oben angedeutete Einteilung bestätigt. Zunächst soll festgestellt werden, daß nichtpräpositional regierte IK durch die topologische Opposition zwischen Kohärenz und Inkohärenz[9] gekennzeichnet sind. Kohärenz verstehen wir als eine nicht-extraponierte Stellung wie in

(1) Peter hat das Buch zu lesen vor.

Inkohärenz als die Stellung in der Extraposition wie in

(2) Peter hat vor, das Buch zu lesen.

Bei PK liegt kein solches festgefügtes topologisches System vor. Hier läßt sich eine Reihe von Stellungsmöglichkeiten nachweisen, wie das folgende Beispiel zeigt:

(3) Den 26. Oktober von Zürich abreisend, langten wir am 6. November in Nürnberg an.

(3a) Wir, den 26. Oktober von Zürich abreisend, langten am 6. November in Nürnberg an.

(3b) Wir langten, den 26. Oktober von Zürich abreisend, am 6. November in Nürnberg an.

.
.
.

Diese gegenüber den IK relative Stellungsfreiheit schließt nicht aus, daß es Fälle gibt, wo eine PK stellungsgebunden ist. Zu erwähnen sind im besonderen eindeutige, als Attribute zu interpretierende PK, die sehr häufig direkt nach ihrem Bezugswort erscheinen bzw. erscheinen müssen. In solchen Fällen führt eine geänderte Position der PK entweder zu ungrammatischen Strukturen oder bewirkt eine geänderte semantische Interpretation der PK, vgl. hierzu u.a. RATH 1971,30ff. Uns interessiert im Rahmen der vorliegenden Arbeit die prinzipielle Stellungsfreiheit der PK. Es handelt sich dabei um das Fehlen des für die IK typischen topologischen Oppositionsverhältnisses zwischen Kohärenz und Inkohärenz.

Eine entsprechende Stellungsfreiehit wie bei den PK finden wir jedoch auch bei den präpositional regierten IK. Ein Satz wie

(4) Peter ist nach Halden gekommen, um sie zu besuchen.

kann u.a. umgeformt werden zu

(4a) Peter ist, um sie zu besuchen, nach Halden gekommen.

(4b) Peter ist nach Halden, um sie zu besuchen, gekommen.

.
.
.

und ist in positioneller Hinsicht mit PK direkt vergleichbar. PK und präpositional regierte IK weichen also was Stellungsmöglichkeiten betrifft von den anderen hier besprochenen Infinitkonstruktionen deutlich ab.

Die oben angedeutete Klassifizierung der Infinitkonstruktionen läßt sich durch die Verwendung weiterer topologischer Kriterien nachweisen. Nicht-präpositional regierte IK können diskontinuierlich angeordnet sein. Sowohl eine diskontinuierliche Kohärenz wie auch eine diskontinuierliche Inkohärenz[10] ist möglich, vgl. hierzu

(5) Dieses Buch hat Peter zu verkaufen versucht.

(6) Dieses Buch hat Peter versucht zu verkaufen.

Bei präpositional regierten IK scheint allerdings diese Diskontinuität blockiert zu sein. Ein Satz wie (4) läßt sich nicht umformen zu

(4c) +Sie ist Peter nach Halden gekommen, um zu besuchen[11].

Dasselbe ist, wenn noch deutlicher, bei PK der Fall. Sätze wie

(7) Sie arbeiteten fleißig, von eigenem Urteil völlig entblößt.

(8) Er ging auf den Bahnsteig zu, eine Tageszeitung sorgfältig lesend.

lassen sich nicht unformen zu

(7a) +Von eigenem Urteil arbeiteten sie fleißig, völlig entblößt.

(8a) +Eine Tageszeitung ging er auf den Bahnsteig zu, sorgfältig lesend.

In topologischer Hinsicht sind somit unter den Infinitkonstruktionen zwei Klassen erkennbar: Kohärenz/Inkohärenz- Opposition und diskontinuierliche Anordnung der Elemente der IK sind Domänen der nicht präpositional regierten IK, während diese Merkmale bei präpositional regierten IK und bei PK fehlen.

2.4. Schlußfolgerungen

Durch die in den Abschnitten 2.1.-2.3. dargelegten Ergebnisse werden folgende Thesen zur Klassifizierung der PK und IK im Rahmen der Infinitkonstruktionen ermöglicht:

> These I: Die gemeinsame Bezeichnung Infinitkonstruktionen läßt sich morphologisch und durch transformationelle Ableitung begründen. Sämtliche Infinitkonstruktionen haben weder ein Subjekt noch eine finite Verbform. Allen Konstruktionen ist gemeinsam, daß sie eine infinite Verbform enthalten und daß zu dieser ein 'logisches' Subjekt rekonstruierbar ist. Diese Nachweise ermöglichen eine gemeinsame transformationelle Ableitung im Sinne der Gleiche-NP-Tilgung.

> These II: Die traditionelle Einteilung in IK einerseits und PK andererseits läßt sich vor allem durch die Kategorie Status nachweisen. Statusrektion und -kongruenz sind ein Typikum der IK, während die Umformbarkeit zu vorangestellten Attributen mit einer infinten, adjektivisch flektierten Verbform als Kern das Domäne der PK ist.

> These III: Bei der Betrachtung weiterer syntaktischer sowie topologischer Kriterien muß auf die traditionelle Einteilung in IK und PK verzichtet werden. Weder PK noch präpositional regierte IK sind von einem Matrixsatzprädikat regiert - sind sind freie Angaben und gehören somit nicht zur Valenz des Prädikats. Bei den übrigen IK liegt dagegen eine deutliche Valenzrektion vor - durch ein Verb, ein Adjektiv oder ein Substantiv. Nur bei den valenzgebundenen IK ist eine Kohärenz/Inkohärenz-Opposition nachweisbar, nur hier ist eine Diskontinuität der Infinitkonstruktion möglich. Bei Infinitkonstruktionen als freien Angaben treffen diese Kriterien nicht zu; topologisch haben wir es hier mit freistehenden Inseln zu tun, aus denen nichts herauspermutiert werden kann.

In syntaktisch-topologischer Hinsicht liegen bei den Infinitkonstruktionen somit zwei "neue" Klassen vor. Erstens, präpositional regierte IK und PK, die man als frei und geschlossen bezeichnen könnte. Sie sind freie Angaben, die an keine bestimmte Position im Satz gebunden sind. Geschlossen sind sie in bezug auf die Möglichkeiten, Elemente aus ihnen herauszupermutieren. Zweitens, die übrigen IK, die als gebunden und offen zu betrachten wären. Sie sind einerseits valenzgebunden und von der starren

Regelsystematik Kohärenz/Inkohärenz positionell gebunden. Andererseits sind sie offen in dem Sinne, daß aus diesen Strukturen Elemente permutiert werden können.

3. Zur Multifunktionalität der Partizipialkonstruktionen

Trotz der grundlegenden Gemeinsamkeiten der PK mit den IK oder mit Teilklassen der IK heben sich PK syntaktisch durch die Umformungsmöglichkeit zu Partizipialattributen davon ab. Diese Offenheit anderen Konstruktionen gegenüber kommt m.E. wie folgt zum Ausdruck:

a. Durch die oben erwähnte prinzipielle Umformbarkeit einer PK zu einem erweiterten Partizipialattribut.

b. Durch das Fehlen von semantischen und syntaktischen Signalen in der Form von konjunktionalen Einleiteworten[12].

c. Durch die sich daraus ergebende unsichere semantische Interpretation einer PK, vgl. hierzu der Satz

(1) Von den Anstrengungen der letzten Wochen erschöpft, unterbrach der Leistungssportler das Training. (HELBIG 1973,285)

der laut HELBIG 1973,285 als attributiv, temporal, kausal oder modal interpretiert werden könnte.

HELBIG 1973 betont ausdrücklich, daß die PK aufgrund fehlender konjunktionaler Merkmale mehrdeutig und somit multifunktional ist. PK lassen sich, wie Rath, Bungarten und Helbig zeigen, zu Relativsätzen, Adverbialsätzen und Hauptsätzen paraphrasieren. Wann welche Paraphrasenmöglichkeit sinnvoll ist, ist jedoch äußerst umstritten. Im Rahmen einer syntaktischen Studie soll auf diese signallosen und semantisch sehr komplexen Beziehungen nicht eingegangen werden. Dazu ist - wie HELBIG 1973 auch bemerkt - ein breiter kommunikationstheoretischer Ansatz erforderlich. Dabei wäre m.E. nicht auszuschließen, daß eine semantische 'Verdunklung' sozusagen als ein wesentliches kommunikatives Merkmal der PK anzusehen wäre. Man hat es hier mit einer Form zu tun, "die es erlaubt, mit einer gewissen Hintergründigkeit Wesentliches auszusparen bzw. nur mittelbar auszudrücken"(RATH 1971,174). Daß Arbeiten wie FILIPOVIČ 1977 und MEIER 1983 in Ermangelung eindeutiger semantischer Signale bei den PK sich auf ihre eigene Intuition verlassen und somit zu äußerst unklaren und schwer verwertbaren Ergebnissen kommen, beweist nur die Relevanz von Helbigs oben referierter Stellungnahme. Es bedarf vor allem einer gründlichen Diskussion der syntaktischen Kategorien Attribut, Apposition und Adverbial - auf jeden Fall eine weitaus deutlichere Klärung dieser Begriffe als in manchen Arbeiten der Fall ist. Wenn auch Unklarheiten bei der syntaktischen Interpretation der PK vorliegen, ist eine entsprechende Unklarheit bei den zu benutzenden syntaktischen Kategorien methodisch unzulänglich.

Trotz aller Versuche, die PK semantisch und syntaktisch genau zu spezifizieren, bleiben semantische Unmarkiertheit, syntaktische Unbestimmtheit und Umformbarkeit zu anderen Konstruktionen ein Charakteristikum der PK. Sie könnte deshalb in mehrfacher Hinsicht unter den Infinitkonstruktionen als "multifunktionale Form" bezeichnet werden, "die zu ganz unterschiedlichen semantischen Zwecken eingesetzt werden kann" (RATH 1979,45). Es wäre dann anzunehmen, daß sich diese Formen am häufigsten in Texten belegen lassen, in denen stilistische Variation erstrebt wird, und viel weniger in Texten, die einer möglichst präzisen Darstellung eines Sachverhalts gewidmet sind.

Anmerkungen

1 Für wertvolle Kommentare und Anregungen danke ich Herrn Dr. Sven-Gunnar Andersson(Umeå/Schweden).

2 Die Bedeutung des Abgetrenntseins der PK durch ein Satzzeichen wird bei van de VELDE 1979,572f. und bei BUNGARTEN 1976, 2o8ff. näher erörtert.

3 Einen kurzen Überblick hierzu bietet RATH 1971,13ff. Er bespricht Partizipien als Teil nominaler Gruppen(ein gelungener Scherz), als Substantive(der Angeklagte), als Präposition(ausgenommen), als Konjunktion(vorausgesetzt,daß),... Sonderfälle wie der 'absolute Akkusativ' sind bei DITTMER 198o näher beschrieben.

4 Die verschiedenen Orientierungsregeln - d.h. die Referenzidentität des getilgten Subjekts der Infinitkonstruktion mit einer Nominativ-, Akkusativ- oder Dativ-NP im Matrixsatz - werden bei BECH 1955,§22ff. ausführlich beschrieben und weiter begründet durch die Reflexivitätsprobe (ebd.§25).

5 Vgl. hierzu BECH 1955,§1-5 sowie ASKEDAL 1983,178.

6 Daß es sich hier um prinzipielle Unformungsmöglichkeiten handelt, die in allen Fällen nicht realisiert werden können, dürfte einleuchtend sein. Zur weiteren Diskussion verweisen wir auf WEBER 1971 und BECH 1955,§3.

7 Hier gibt es jedoch einen Grenzfall, der allerdings enge Verwandtschaft mit Partizipialattributen mit dem Partizip I aufweist und somit zu diesen gezählt werden könnte: Eine IK wie das Haus ist zu verkaufen kann umgeformt werden zu das zu verkaufende Haus. Obwohl im ersten Satz ein Infinitiv steht, liegt im zweiten Satz m.E. keine flektierte Infinitivform vor, sondern eine adjektivisch flektierte Partizipialform. Wir wollen in Anlehnung an BECH 1955,§1 verkaufende als eine Partizipialform und somit als Partizipialattribut betrachten. Dies bleibt immer noch ein Sonderfall unter den Partizipialattributen, indem hier eine transformationelle Beziehung zu einer IK mit sein + 2. Status angenommen werden kann. Auf dieses Problem gehen wir hier nicht ein, verweisen jedoch auf die Beschreibung des Gerundivums in WEBER 1971,173ff.

8 Präpositionalinfinitive gibt es im Deutschen nach den Präpositionen anstatt, ohne und um. Hier wird der 2. Status von der Präposition regiert. Bei den von um regierten IK liegt jedoch ein Sonderfall vor, wo die regierende Präposition getilgt werden kann und die Statusverhältnisse dementsprechend aufgelockert werden. Ein Satz wie er ging weg, um den Kaffee zu holen/*holen mit obligatorischem 2. Status kann umgewandelt werden zu er ging weg, den Kaffee zu holen/holen mit 1. oder 2. Status. Durch die Tilgung der Präposition um bleiben die Rektionsverhältnisse trotzdem erhalten, weil nur der 1. und 2. Status zur Verfügung stehen; der 3. Status wie in er ging weg, den Kaffee *geholt ist blockiert. Diese elliptischen Präpositionalinfinitive kommen vorwiegend bei den Verben kommen und gehen vor. Es gibt aber hier auch eine Reihe Fälle, wo der 1. Status obligatorisch ist: Ein Satz wie er ging den ganzen Tag spazieren läßt sich nicht zu einer IK mit um + 2. Status umformen, etwa *er ging den ganzen Tag, um zu spazieren. Zu diesen Problemen verweisen wir auf BECH 1955,§23off. sowie auf eine generelle Beschreibung der Präpositionalinfinitive in LEYS 1971. Zu topologischen Besonderheiten der Konstruktion um + 2. Status, siehe Anm.11.

9 Zur weiteren Diskussion der Kohärenz/Inkohärenz-Problematik verweisen wir auf ASKEDAL 1983, BECH 1955 und KVAM 1982.

1o Zu den Restriktionen dieser Diskontinuität verweisen wir auf die Darstellung der Infinitivverschränkung in KVAM 1983,9off.

11 Wenn in Präpositionalinfinitiven die statusregierende Präposition um getilgt werden muß, ist u.U. eine Diskontinuität der IK möglich: Um muß getilgt werden in Relativsätzen, in denen die von dem Infinitiv regierte Größe das Relativum umfaßt und somit an der Spitze des Relativsatzes stehen muß, vgl. BECH 1957,§411, wie in "das,was zu suchen er ausgezogen sei"(ebd.). Hier ist eine Diskontinuität der IK möglich, allerdings dadurch bedingt, daß sie innerhalb des Satzrahmens steht. Akzeptabel ist also eine Struktur wie die Äpfel, die er zu holen herausgeschickt war, inakzeptabel dagegen *die Äpfel, die er herausgeschickt war (um) zu holen.

12 Auf Sonderfälle wie konjunktional eingeleitete PK wird hier nicht eingegangen. Vgl. hierzu Belege in FILIPOVIČ 1977.

Literatur

ASKEDAL, John Ole (1982): "Zur semantischen Analyse der Auxiliarkonstruktionen unter dem Aspekt der Unterscheidung von summativer und nicht-summativer Bedeutung". Deutsch als Fremdsprache 2: 159-167. Leipzig:Herder-Institut.

--- (1983): "Kohärenz und Inkohärenz in deutschen Infinitfügungen. Vorschlag zur begrifflichen Klärung". Lingua 59: 177-196. Amsterdam etc.:North-Holland.

BECH, Gunnar (1955): "Studien über das deutsche Verbum Infinitum I". Det Kongelige Danske Videnskabers Selskab. Historisk-Filologiske Meddelelser 35,2. Kopenhagen:Munksgaard.

--- (1957): "Studien über das deutsche Verbum Infinitum II". Det Kongelige Danske Videnskabers Selskab. Historisk-Filologiske Meddelelser 36,6. Kopenhagen:Munksgaard.

BUNGARTEN, Theo (1976): Präsentische Partizipialkonstruktionen in der deutschen Gegenwartssprache. Sprache der Gegenwart 38. Düsseldorf:Schwann.

DITTMER, Arne (1980): "Über den 'sogenannten absoluten Akkusativ'". DYHR, Mogens, HYLDGAARD-JENSEN, Karl, OLSEN, Jörgen (eds.) (1980): Festschrift für Gunnar Bech. Kopenhagener Beiträge zur germanistischen Linguistik. Sonderband 1: 61-83. Kopenhagen:Institut for germansk Filologi.

FILIPOVIČ, Nada (1977): Partizipialkonstruktionen in der deutschen dichterischen Prosa von heute. Forschungsberichte des Instituts für deutsche Sprache 32. Tübingen:Narr.

HELBIG, Gerhard (1973): "Zur Verwendung der Infinitiv- und Partizipialkonstruktion in der deutschen Gegenwartssprache". Deutsch als Fremdsprache 10: 281-292. Leipzig:Herder-Institut.

KVAM, Sigmund (1982): "Die Einbettung deutscher und norwegischer Infinitivkonstruktionen. Eine kontrastive Studie zur Topologie der Infinitivkonstruktionen im Deutschen und Norwegischen". Deutsche Sprache 4: 333-365. Berlin:Erich Schmidt.

--- (1983): Linksverschachtelung im Deutschen und Norwegischen. Eine kontrastive Untersuchung zur Satzverschränkung und Infinitivverschränkung in der deutschen und norwegischen Gegenwartssprache. Linguistische Arbeiten 130. Tübingen: Niemeyer.

LEYS, Udo (1971): "Die Präpositionalinfinitive im Deutschen. Einige Beobachtungen". Leuvense Bijdragen 60: 1-56. Louvain.

MEIER, Helga (1983): "Partizipiale Wortgruppen in der deutschen Sprache der Gegenwart". Sprachpflege 1: 1-5. Leipzig:Enzyklopädie.

RATH, Rainer (1971): Die Partizipialgruppe in der deutschen Gegenwartssprache. Sprache der Gegenwart 12. Düsseldorf: Schwann.

--- (1979): "Neue Untersuchungen zu Partizipialkonstruktionen in der deutschen Gegenwartssprache". Leuvense Bijdragen 68: 33-48. Louvain.

SIEBERT-OTT, Gesa-Maren (1983): Kontrollprobleme in infiniten Komplementkonstruktionen. Studien zur deutschen Grammatik 22. Tübingen:Narr.

VELDE, Marc van der (1979): Zum Vorfeld im heutigen Deutsch. (masch.Diss. Gent).

WEBER, Heinrich (1971): Das erweiterte Adjektiv- und Partizipialattribut im Deutschen. Linguistische Reihe 4. München: Hueber.

A COMPARISON OF APACHEAN LANGUAGES, EXEMPLIFIED BY THE VERB STEM SYSTEM FOR HANDLING VERBS

Marie-Louise Liebe-Harkort

It was Jesperson, I think, who said that a language is a dialect with an army. The Apache Indians, living in the Southwest of the United States, lost their armies long ago, and since then, the talk has been of Apachean dialects. When the Chiricahua Apache, who were held prisoner of war for 27 years (all of them, men, women, children, even men who had married into the tribe), were brought from the camp in Alabama to Fort Sill, Oklahoma, the Plains Apache (also called Kiowa-Apache) wanted to welcome them. They arranged a big gathering of all of the members of both tribes at a big meeting area. The leaders of each tribe advanced to the middle of the gathering, and the Plains Apache leaders spoke their words of welcome. These words, however, were not understood, and the consternation was great. The leaders went back to their tribesmen, and there each found a young man who had been educated at the Carlisle Indian School in Pennsylvania. These returned to the center and served as interpreters to their elders, translating the speeches into English for the other translator, who in turn translated what had been said into the Apache of the tribe. It thus became clear that Apachean dialects are not mutually intelligible.

The Apachean languages are a group of languages that has been proved to be related. Comparisons of vocabulary and verb construction led Hoijer (1971) to posit three groups: The Western Apache group includes Navajo, White Mountain and San Carlos Apache; the Eastern group includes Mescalero, Jicarilla and Lipan; and Kiowa-Apache or Plains Apache is equidistant from both groups. With the exception of Navajo, most of the work done on the Apachean languages has been in phonology and morphology. In this paper, the comparison of these languages will be carried beyond that point.

An analysis of one system such as verbs of direction in related languages makes it possible to discover interesting points of divergence. Related languages often handle even basics differently, for example 'the sun comes up' in English, but 'geht auf' (goes up) in German.

The Apachean languages offer a particularly interesting situation because the speakers of the different languages were all confronted with a different culture (and language) at approximately the same time, and that was recent--about 100 years ago. It is therefore possible to make a comparison of systems in their older or more basic forms, and then to compare the way new objects have been incorporated into them by each group.

The example chosen here is that of the active handling verbs, which refer to the handling or movement of objects. The verb stems must "agree" with the nature of the object handled, similar to the "agreement" in English in such expressions as 'a school of fish', 'a herd of cattle', or 'a bevy of quail'.

This formulation of the facts sounds more startling than the case turns out to be when examined more closely. A brick cannot 'plop', nor a feather 'plunk'. If you hear 'he plopped the porridge down in front of me', it is presumed that he was serving it, perhaps using a ladle, and putting it in a container, whereas 'he plunked the porridge down in front of me' would lead one to believe that the porridge was already in a container. The concepts of "height" and "flatness" play a role in determining that one may say 'the blanket is lying on the table', but should say 'the vase is standing on the table', unless, of course, it has been tipped over. It is therefore obvious that such categories are not unique to the Apachean languages, though the functioning of the system is quite different.

In this paper, the handling verbs for four languages will be compared: Plains Apache, Chiricahua Apache, White Mountain Apache and Navajo. This comparison is based on original research with speakers of all four languages, the first two of which are spoken by only a very few native speakers, or semi-speakers. In those cases where these semi-speakers were themselves unsure of the correct forms, this has been indicated.

As has been pointed out, the verb stem must "agree" with the nature of the object handled, but that is all that it does. It contains no information whatsoever as to what was done with the object, how it was handled. There is not one basic equivalent in Plains Apache for 'to give' or 'to take' or 'to carry'. The stem does no more than categorize the nature of the object--whether it was 'given' or 'carried' is information that is included in the prefixes to the stem.

There are many different prefixes, and the verb structure in these languages is highly complex. The minimal form consists of one prefix and the stem, but may contain many prefixes, which are ordered as follows:

1. indirect object pronoun
2. postposition
3. adverbial
4. theme prefix
5. iterative mode
6. plural
7. direct object pronoun
8. deictic subject (place or time)
9. adverbial
10. tense
11. modal
12. subject pronoun
13. classifier
14. verb stem

In the following Plains Apache examples, different prefix complexes illustrate different ways of talking about handling a shirt. Since a shirt is a flat, flexible object, the verb stem used is -tsùùs.

(1) Êé sha - níí - ɨ - tsùùs (shɨrt to me+COMPLETATIVE+you
1+2 + 9+12 +13+ 14 give) Give me the shirt.

(2) Êé sha - łe - níí - ɨ - tsùùs. (S. to me+COMP+you loan)
1+2 + 3 + 9+12+ 13+ 14. Loan me the shirt.

The addition of the adverbial - e- changes the verb-meaning 'give' to 'loan', though the stem remains the same.

(3) Êé á - łá - díí - ɨ -tsùùs. (S. thus+away from+you+
1 + 3 + 12 +13 + 14. take) Take off the shirt.

In all of the examples above, the verb stem remains completely unchanged, although the actions are very different. The stem, then, merely expresses the handling of an object of a certain type, and the exact nature of the handling, i.e. what is done with it, is expressed by the various prefix combinations.

The verb stem also indicates other types of information as a consequence of the divisions of the categories. For example, the stem for long, slender, solid objects in the singular is -chį́į́sh.

(4) ístłàh sha - níí - chį́į́sh. (tobacco to me you give)
1+2 + 9+12 + 14. Give me a cigarette.

The singular, one cigarette, is made obvious by the choice of the stem, since ístłàh simply means 'tobacco', but -chį́į́sh refers to one object.

(5) ístłàh sha - níí - 'ààsh. (tobacco to me+(it)+you+COMP +give)
1+2 + 9+12 + 14. Give me the pack of cigarettes.

The verb stem -'ààsh refers to single, solid, box-like objects, and here the package is intended. Thus, the difference between a cigarette and a whole package is expressed by the verb stem chosen, not by a singular or plural, or by a modification of the noun.

The following tables illustrate the verb stems for handling verbs in Plains Apache, Chiricahua Apache, White Mountain Apache and Navajo. The forms labled "dual" refer to two objects or pairs, and the category "plural" refers to three or more objects. The stem forms given in the tables are all imperfective stem forms. Some of the stems have a different form in the other paradigms, but the inclusion of all of the stem forms for all of the verbs would only make the tables confusing and detract from the clarity of the overall system. The imperfective stems may be used to form a polite request--there are no special stem forms for the imperative.

A limited number of objects have been listed as illustrations of typical objects belonging to each category. A short description of the nature of the objects seen as belonging to the category has also been included, but these descriptions must not be presumed to be complete. Category I is the category with the most objects, and thus with the least positive definition. In other words, if an object does not fit the requirements of any of the other categories, it is included in Category I. The objects listed as examples of members of each category are objects that belong to that category in the four languages under consideration. The objects which belong to different categories in the different languages will be discussed later. Following the tables, specific points about each one will be covered.

In all of the languages, category VIII differs somewhat from the others. The stem means more 'to lead' than 'to handle', and in Plains Apache, White Mountain Apache and Navajo, there are two alternatives. Although this stem has a slightly different meaning than the other handling verb stems, it is evident from the fact that one cannot handle horses or bears in the same fashion as one can handle a nail or a cup of coffee that such a difference is understandable. In all other respects, it behaves as a consistant member of the category of handling verbs.

Plains Apache Verb Stem Table: Notes

This language seems to be the only one that has the same form for the plural in all cases. The informant was, however, unsure of the plural form in the second category, so it may well be correct to postulate a different stem, but it is not -nííɬ, -dííɬ or -já(h).

There are two possible stem forms given for the dual and plural forms of categories V through VII. In this regard, the table differs considerably from the tables for the other Apachean languages, and these stem forms may not be correct. (In the case of Category VIII, it is probable that the table should include three possibilities for the dual and plural forms, both -t'è and -lǫǫs as well as -lè or -'í'.) It must be kept in mind that the Plains Apache language is no longer spoken on a day-to-day basis, and that the few remaining semi-speakers are often themselves unsure of the correct forms, particularly in the case of the seldom-used forms of the system. Thus, when asked how to say 'Give me my horse' while discussing these forms, the informant

Plains Apache Verb Stems for Handling Verbs

	Singular	Dual	Plural
I. Pail, pack of cigarettes, rock, egg, apple, coffee pot, (box-like object)	-'ààsh	-lè	-'î'
II. Cigarette, arrow, bow, rifle, cradleboard (long, slender object)	-chį̂į̂sh	-lè	-'î'
III. Shirt, towel, paper money; blanket, sack (flat, flexible object)	-tsùùs	-lè	-'î'
IV. Piece of rope, piece of thread, belt, saddle cinch (narrow, flexible object)	-lè	-lè	-'î'
V. Cup of coffee, fluids in jar (Fluids, or any of I-V in a container)	-kààsh	-kààsh -lè	-kààsh or -'î'
VI. Bag full of cigarettes or shirts. (Bundle containing objects from I-IV)	-'î'	-lè or -'î'	-'î'
VII. Puppy, dog, kitten, snake, chicken, moth, doll, baby (Small animals)	-chèł	-chèł or -lè	-chèł or -'î'
VIII. Horse, cow, bear, mule (large animals; more "lead" than "handle")	-t'è or -lǫǫs	-lè or -t'è	-lǫǫs or -'î'
IX. Unknowns	-'î'	-'î'	-'î'

The prefix form for the polite request "give me" is shanîî- (1+2+9+12 (±13)-). Thus, an object may be requested by combining the prefix set with the appropriate stem.

Chiricahua Apache Verb Stems for Handling Verbs

	Singular	Dual	Plural
I. Pail, pack of cigarettes, rock, egg, apple, coffee pot	-'àà	-lè	-jàsh
II. Cigarette, arrow, bow, rifle, cradleboard (long, thin object)	-tį̂į̂h	-lè	-nîîł
III. Shirt, towel, paper money; blanket, sack (flat, flexible object)	-tsûs	-lè	-jàsh
IV. Piece of rope, piece of thread, belt, saddle cinch (Narrow, flexible object)	-lè	-lè	-jàsh
V. Cup of coffee, fluids in jar (Fluids, or any of I-V. in a container).	-kàà	-kàà	-kàà
VI. Bag full of cigarettes or shirts. (Bundle containing objects from I-IV.)	-(ł)tį̂į̂h	-lè	-jàsh
VII. Puppy, dog, kitten, snake, chicken, moth, doll, baby (Small animals.)	-(ł)tè	-lè	-jàsh
VIII. Horse, cow, bear, mule (Large animals; more "lead" than "handle".)	-(ł)t'èè	-lè	-jàsh
IX. Unknowns	-'į̂į̂	-lè	-jàsh
A. Water, soup, soda pop (Fluids not in container)	-zîî		

White Mountain Apache Verb Stems for Handling Verbs

	Singular	Dual	Plural
I. Pail, pack of cigarettes, rock, egg, apple, coffee pot (box-like objects)	-'ààh	-lé'	-jáh
II. Cigarette, arrow, bow, rifle, cradleboard (long, slender object)	-tį́į́h	-lé'	-dííł
III. Shirt, towel, paper money; blanket, sack (flat, flexible object)	-(ł)tsòòs	-lé'	-dííł or -né'
IV. Piece of rope, piece of thread, belt, saddle cinch (narrow, flexible object)	-lé'	-lé'	-né'
V. Cup of coffee or soup (Fluids or any of I-IV in a container.)	-kààh	-kààh	-kààh
VI. Bag full of cigarettes or shirts. (Bundle containing objects from I-IV.)	-(ł)tį́į́h	-(ł)tį́į́h -lé'	-dííł
VII. Puppy, dog, kitten, snake, chicken, moth, doll, baby. (Small animals)	-(ł)tèèh	-lé'	-dííł or -né'
VIII. Horse, cow, bear, mule. (Large animals; stem more "lead" than "handle")	-(ł)t'è -lǫǫs	-lé'	-dííł or -né'
IX. Unknowns	-né'	-lé'	-né'
A. Water, soup, soda pop (Fluids not in container)	-zííd		
B. Mud, wet clay, ice cream	-tłeeh or -né'		

Navajo Verb Stems for Handling Verbs

	Singular	Dual	Plural	
I. Pail, pack of cigarettes, rock, egg, apple, coffee pot (box-like object)	-'ààh	-nííł	-nííł	-jááh
II. Cigarette, arrow, bow, rifle, cradleboard (long, slender object)	-tį́į́h	-nííł	-nííł	-jááh
III. Shirt, towel, paper money; Blanket, sack (flat, flexible object)	-tsóós -yèh	-nííł	-nííł	
IV. Piece of rope, piece of thread, belt, saddle cinch (narrow, flexible object)	-lé	-nííł	-nííł	-jááh
V. Cup of coffee or soup (Fluids or any of I-IV in a container)	-kààh	-kààh	-kààh	
VI. Bag full of cigarettes or shirts. (Bundle containing objects from I-IV.)	-tsóós	tsóós	-nííł	
VII. Puppy, dog, kitten, snake, chicken, moth, doll, baby (Small animals)	-(ł)tèèh	-nííł	-nííł	
VIII. Horse, cow, bear, mule (Large animals, stem more "lead" than "handle")	-(ł)tèèh -lǫǫs	-nííł	-nííł	
IX. Unknowns	-'ààh	-nííł	-nííł	
B. Mud, wet clay, ice cream	-tłèèh			

used only the -t'è form, but in another context at another time produced both, and explained the difference to refer to the size of the animal--smaller animals like goats should be referred to by -t'è, larger, like horses, by -lǫǫs. This may mean that a set of three stems, not two, should be postulated for animals, but the evidence is insufficient.

Chiricahua Apache Verb Stem Table: Notes

The categories listed by letter instead of number are categories which are not used in all of the languages. In this case, Category A refers to fluids not in a container. In the following two tables, there is also a Category B, which refers to mushy matter not in a container, like mud or porridge. The informant for Chiricahua would not accept -tłé as a stem of this category, but preferred, if such a thing must be said at all, to have it used as a modifier, ńtłè, 'gooey', 'wet', 'sticky'. However, in Hoijer's unpublished manuscript, Chiricahua Apache Stems, he lists two further stems which were not used by the informant: -zhòòzh, for parallel objects (which seems to have no equivalents in any of the other languages) and -jáásh for masses of dry, tangled matter such as wool. This latter stem seems to have a parallel in Navajo in the stem -jòòł. The stem for Category VIII, -(ł)t'èè, is listed by Hoijer as the stem for handling long, solid objects, such as boards and persons! In his Chiricahua and Mescalero Apache Texts (1938:99), he gives -(ł)tèè as the stem for handling an animate being.

White Mountain Apache Verb Stems: Notes

Basso (1968) did a detailed analysis of the Western Apache classificatory verb system, and many of the objects he categorized were re-elicited for this study. Since there are many dialects of Western Apache, and since he worked in a different area, new data was collected for this study, including some objects not discussed in his work. The division of the categories here, as well as the category membership of some objects, differ from his reported findings. There is also a brief discussion of the handling verbs in the Western Apache Dictionary (1972:97-99), which included -tsǫ́ǫ́' as the stem for dry, tangled matter such as wool. This paper includes information not given in the earlier studies.

Navajo Verb Stem Table: Notes

There is no lack of material on Navajo classificatory verb stems, but this brief summary was prepared for this paper to facilitate comparison. New data was also collected for the Navajo portion, and it differs in a number of points from published material (for example, Young and Morgan, (1976 and 1980)). While the writing conventions from Young and Morgan were followed here, the information presented was collected for this paper. In addition to the stem -jòòł, which has already been mentioned, Young and Morgan describe a different distribution of the stem -yèh (-yèèh). Here, it was found to be used to differentiate between large (-yèh) and small (-tsóós) flat, flexible objects, although the differentiation is not clear-cut, since size is a continuum from small to large, and there were cases where both could be used. Another difference between the Navajo table and all of the others is the differentiation in the plural forms between -nííł and -jááh. The stem -nííł was preferred when the number of objects was immediately countable and could be taken in with a glance. In cases where the objects could be described as 'a handful' or a 'bulk', the stem -jááh was preferred. Also, in contrast to Young and Morgan, the stem -jááh was not used for animate objects (such as an armful of puppies).

Other differences include Category VI, where -tsóós instead of -yèèh was chosen, and Category IX, where -'ààh was preferred to -lé. Also, although -lǫǫs was accepted, it was felt to be appropriate only for domesticated animals, and was considered seldom. Category A (for fluids not in a container in Chiricahua and White Mountain Apache) was found to have no acceptable equivalent in Navajo. There is a stem -zííd, which can be used to refer to liquids, but it was not felt to be part of the series and does not function like the other handling verbs.

Individual entries on two of the tables may be open to question, since there are no longer fluent speakers of the languages who may be consulted. Despite this, an examination of the tables leads to the discovery of four important differences between Navajo and all of the other languages.

The first immediately apparent difference is that Navajo has no specific form for the dual, whereas all of the other languages do. Not only do the other languages all have a form which differentiates the dual from the plural, they all have the same form -le (or -le'). The second big difference is that Navajo basically does not differentiate between VII (small animals) and VIII (large animals). Although a category differentiation can be posited, based on the rare stem -lǫǫs, the fact that it carries the meaning 'to lead' and can sensibly only be applied to large animals, as well as the fact that it is rare, make it seem that there is, in fact, felt to be no difference in the categories.

The third difference can be seen in the fact that there is a differentiation in the plural forms of the first categories, based on the concept of "countable" and "mass". Though White Mountain Apache shows two possible stems for the plural of Category III, it is obviously not such a difference, but rather one of selection of one or the other, both of which are the only stems used in Categories II and IV. The fourth difference is to be found in the division of Category III, (flat, flexible object) based on size, whereby -tsóós is used for smaller and -yèh for larger objects.

The first two differences can be seen as cases of less differentiation that is inherent in the other languages, the last two differences as cases of more differentiation. When the other three tables are compared, there are, to be sure, certain interesting differences (for example, the frequent use of -jàsh in Chiricahua Apache as opposed to its use in only one position in White Mountain Apache and its absence in Plains Apache), but there are none that are so basic as those between Navajo and all of the rest.

As a result, it becomes apparent that a comparison of these languages based on phonology or verb morphology or cognates leads to very different results in the question of the relationship of these languages to each other than the study of grammatical categories. Whereas other studies have led to the postulation of a group including both Navajo and Western Apache, this brief examination shows Navajo to diverge greatly from all of the others. Thus, while more studies on this level are necessary, it seems possible that results such as those of this study may give a new basis for the evaluation of the relationships among these languages.

There is considerable difference in some of the objects assigned to the different categories. Category I (a box-like object) includes in all of the languages: 'pail, spool of thread, rock, egg, apple, peach, pear, potatoe, burden basket, coffee pot, cake of soap, box of detergent, package of cigarettes, book, coin, lighter, milk bottle and shoebox'. Only Navajo includes a flat basket and a frying pan; Chiricahua, White Mountain and Plains Apache include these objects as members of Category II. In contrast to the others, Chiricahua and Plains Apache also list a coffee cup in Category II. These differences point to a difference in the way the component "flatness" is dealt with: Perhaps in the cases mentioned, it is relevant that the base is larger than the height or, in the case of Plains Apache 'chair' in Category II, not I, the base is the most important feature. (Other differences in this category are: 'revolver' (Category II in Plains Apache and Navajo), 'loaf of bread' and 'slab of bacon' (-į̂į̂ in Chiricahua Apache)).

Category II (long, slender, solid object) includes in all of the languages: 'rifel, firewood, cradleboard, arrow, bow, iron pipe, cigarette, match, fork, spoon, rake, shovel, car key, ruler, nail, baseball bat, flashlight, clothespin, fencepost'. Navajo and White Mountain Apache do not include: 'hoe, axe, or hatchet' (but order them in Category I). Navajo also prefers 'hammer' in Category I. Both White Mountain Apache and Navajo also order 'a blade of grass' in Category IV. It should be noted that -jááh was not felt to be an acceptable plural for 'arrow shafts' in Navajo because they are too long.

Category III included for all languages: 'piece of paper, pillow case, T-shirt, paper money, towel, small piece of canvas'. The following, all referred to in Navajo with -yèh, also belong to this category: 'blanket, horse blanket, saddle pad, sleeping bag, buckskin (tanned), paper sack, burlap sack', and 'dress, shirt and coat' as -yèh or -tsǫ́ǫ́s, depending on the size. White Mountain and Plains Apache include a 'pillow' as a member of Category I. 'Trousers' are included in Category I by the Navajo and IV by the Plains Apache. For the most part, these differences stem from the greater differentiation made in Navajo. The difference in the ordering of 'pillow' would seem to reflect the size and the stuffing. Plains Apache ordering of 'pants' in the category of slender, flexible objects is also understandable.

Category IV included for all languages: 'piece of rope, piece of thread, belt, saddle cinch, bridle rein, piece of electric cable, metal chain, shoestring'. Navajo does not include 'lasso' in this category, but uses -nííł as a stem. Navajo also included in Category IV a 'brassier', although all of the other languages order it in Category III. The explanation given was that it is seen as related to the 'cinch', (while the others presumable order it with clothing).

Category V included for all languages: (things in containers, plates or bowls) 'cup of nails, bowl of stew, cup of water, cup of cigarettes, cup of sugar, jar of coins, cup of soup'. Navajo did not include: 'pot of coffee, can of milk, suitcase full of string', and Chiricahua Apache also did not include the 'pot of coffee'--both put these objects in Category I. Plains Apache differed in that it did not include a 'basket of clothes', but preferred that in Category VI.

Category VI included for all languages: (bundles) 'paper bag full of pencils, bag of cigarettes, bag of shirts, blanket bundle of groceries'.

Category VII included for all languages: 'puppy dog, dog, kitten, cat, chicken, calf, snake, moth, caterpillar, doll, baby'.

Category VIII included for all languages: 'heifer, steer, cow, bull, horse, pig (adult), bear, mule'. In Chiricahua Apache, the stem -(ł)t'èè would be possible in the dual and plural forms, but would indicate that the animals came one after the other, not in a group.

This comparison of the members of the individual categories shows that there is, by and large, agreement among the speakers of the languages as to how individual objects should be grouped. Despite the fact that the tribes were separated when they became acquainted with many of the objects through contact with a different culture, they assigned these objects, for the most part, to the same categories. Here again, the major difference seems to be between Navajo and the other languages, however, in that the others seem to have a component "flatness" that leads to the classification of flat items in Category II, not Category I. It should be kept in mind that deviations in Plains and Chiricahua Apache groupings can not be attributed to an influence of one on the other, since the languages were not mutually intelligible. And, in fact, cases where these two languages agree and contrast with the other two are no more frequent than cases where Plains Apache and Navajo differ from the other two.

The result of the comparisons of the systems of handling verb stems in four Apachean languages as well as the comparison of the objects assigned to each of the categories can therefore be seen to be a great similarity among all of the languages except Navajo, which in both cases shows the greatest divergence.

Literature

BASSO, Keith (1968): "The Western Apache Classificatory Verb System: A Formal Analysis". Southwestern Journal of Anthropology 24:3, 252-266.

HOIJER, Harry (1938): Chiricahua and Mescalero Apache Texts. Chicago: University of Chicago Press.

HOIJER, Harry (n.d.): Chiricahua Apache Stems. (unpublished MS).

HOIJER, Harry (1971): "The Position of the Apachean Languages in the Athapaskan Stock". BASSO, Keith / OPLER, Morris E. (eds.) (1971): Apachean Culture History and Ethnology. Tucson: University of Arizona Press.

Western Apache Dictionary (1972). Fort Apache: White Mountain Apache Culture Center.

YOUNG, Robert / MORGAN, William (1976): The Navaho Language:

The Elements of Navaho Grammar with a Dictionary in two parts containing basic Vocabularies of Navaho and English. Salt Lake City: Deseret.

YOUNG, Robert / MORGAN, William (1980): The Navajo Language. A Grammar and Colloquial Dictionary. Albuquerque: University of New Mexico Press.

FRAGEN AN DAS SYSTEM DER TEMPORALEN KONJUNKTIONEN[1]

Peter Rolf Lutzeier

Grammatiken des Deutschen nehmen einmütig eine Dreiteilung der unterordnenden temporalen Konjunktionen vor:Wir finden einmal diejenigen, die Gleichzeitigkeit ausdrücken, wozu <u>während</u> gehört. Als Beispielsatz:

(1) Die Kinder spielen im Freien, während die Sonne scheint.

Dann haben wir diejenigen Konjunktionen, die Vorzeitigkeit ausdrücken. Vertreter hiervon ist <u>bevor</u>, falls wir im Satzgefüge jeweils das Geschehen des übergeordneten Teils (hier 'Hauptsatz' genannt) in Relation zu dem Geschehen des untergeordneten Teils (hier 'Gliedsatz' genannt) setzen. Vergleichen Sie Satz (2):

(2) Hans putzt sich die Zähne, bevor er zu Bett geht.

Schließlich noch die Konjunktionen, die Nachzeitigkeit ausdrücken. Repräsentant davon ist <u>nachdem</u>, was auch in folgendem Beispielsatz deutlich wird:

(3) Karl bewirbt sich um einen Studienplatz, nachdem er das Abitur bestanden hat.

Diese Einteilung ist völlig plausibel unter den folgenden Annahmen:

1. Unterordnende temporale Konjunktionen regeln in erster Linie das temporale Verhältnis zwischen dem Inhalt des Hauptsatzes und dem Inhalt des Gliedsatzes.
2. Die zeitliche Dimension läßt sich als eine lineare, dichte Struktur verstehen, die man sich anschaulich als eine gerichtete Gerade - also Achse - vorstellen kann, auf der für je zwei verschiedene Punkte klar ist, welcher der beiden Punkte vor dem andern liegt und zwischen je zwei verschiedenen Punkten weitere Punkte liegen.
3. Im Hinblick auf seine temporale Ausprägung läßt sich der Inhalt von Sätzen auf Punkte der linearen, dichten Struktur beziehen.

Plausibel ist diese Einteilung der Konjunktionen deshalb, weil dann der Bezug des Inhalts des Hauptsatzes auf der Zeitachse entweder mit dem Bezug des Inhalts des Gliedsatzes in ein- und denselben Punkt zusammenfällt, was auf 'Gleichzeitigkeit' führt, oder eben nicht in ein- und denselben Punkt zusammenfällt, was bedeutet, daß er entweder vor dem Bezug des Inhalts des Gliedsatzes oder nach ihm liegt.

Soweit, so gut. Aber eben nur soweit, wie man bereit ist, die erwähnten drei Annahmen zu akzeptieren. Dabei liegt es nahe, sich die letzte Annahme, als die Nahtstelle zwischen Sprache und Modell der zeitlichen Wirklichkeit genauer anzusehen.[2]

In der Physik sind wir es gewohnt, Bewegungsabläufe von ausgedehnten Körpern als Bewegungsabläufe ihrer Schwerpunkte zu beschreiben. Eine analoge Vorstellung liegt der dritten Annahme zugrunde:Die in der Zeit andauernden Geschehnisse, von denen die einzelnen Sätze handeln, können durch ihre jeweiligen 'Höhe'-Punkte repräsentiert werden; Punkte also, an denen die Geschehnisse am besten der Fall sind. Geht es nun einzig um die Frage nach dem Verhältnis dieser Geschehnisse auf der Zeitachse zueinander, wie wir für die Konjunktionen <u>bevor</u> und <u>nachdem</u> annehmen können, dann ist gegen dieses Vorgehen zunächst nichts einzuwenden. In diesem Sinne ist Satz (2) wahr, wenn das tatsächliche Bürsten der Zähne als Höhepunkt des Zähne-Putzens echt vor dem tatsächlichen im Schlafanzug oder Nachthemd ins-Bett-Steigen als Höhepunkt des zu-Bett-Gehens liegt (vgl. Figur 1). Die Unzulänglichkeit des Verfahrens der punktuellen Betrachtung wird jedoch offensichtlich, sobald wir die Konjunktion <u>solange</u> mit hinzuziehen. Allein die

Figur 1

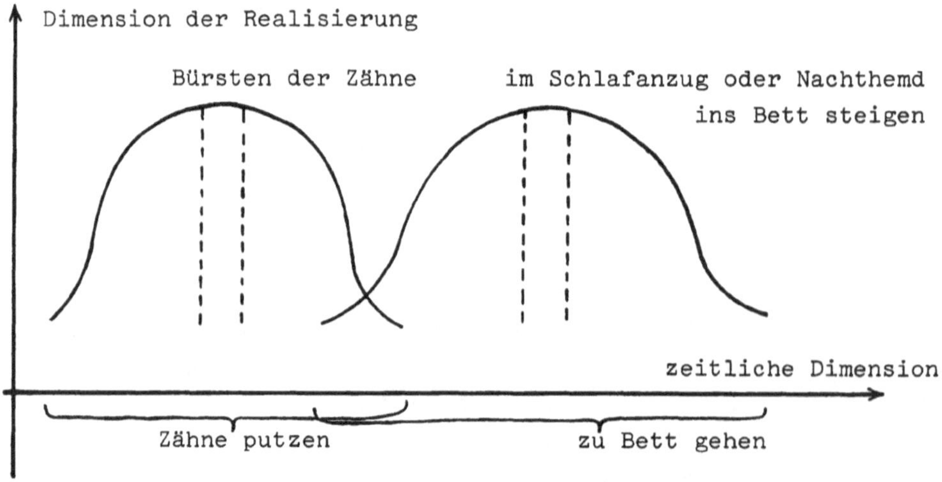

Morphologie dieses Wortes gibt genug Hinweis darauf, daß es hier nicht um den Vergleich von Höhepunkten der beiden Geschehnisse gehen kann, sondern vielmehr um das Verhältnis der jeweiligen Dauer der beiden Geschehnisse.[3] Also dürfen wir uns nicht mit einzelnen Punkten der Geschehnisse begnügen; mindestens die zeitliche Ausdehnung der Geschehnisse muß für eine Gesamtbeschreibung der Konjunktionen berücksichtigt werden. Dieser in der Zeitlogik inzwischen allgemein vollzogenen Erkenntnis tragen wir Rechnung, wenn wir nun Annahme (3) durch die folgende Annahme (3') ersetzen:

3'. Im Hinblick auf seine temporale Ausprägung läßt sich der Inhalt von Sätzen auf Intervalle der linearen, dichten Struktur beziehen.[4]

Dabei sind Intervalle, anschaulich gesprochen, ununterbrochene Mengen von Zeitpunkten. Sie unterscheiden sich hauptsächlich[5] darin, ob ihre Endpunkte mit zur Menge gehören; ein Fall, bei dem wir von abgeschlossenen Intervallen sprechen, oder ob ihre Endpunkte nicht zur Menge gehören; ein Fall, bei dem wir von offenen Intervallen sprechen. Lese ich etwa die Zeitung von t_1 bis t_2, dann werden die Punkte t_1 und t_2 normalerweise zum Lesevorgang gerechnet. Dieser Lesevorgang ergibt damit ein beidseitig abgeschlossenes Intervall. Bringe ich dagegen ein Auto in der Zeit von t_1 bis t_2 durch Abbremsen zum Stillstand, dann zählt normalerweise t_2 nicht mehr zum Vorgang des Abbremsens. Dieser Vorgang des Abbremsens läßt sich dann auf ein rechtsseitig offenes Intervall abbilden (vgl. Figur 2). Mit der Annahme (3') wäre Figur 2 auch eine

Figur 2

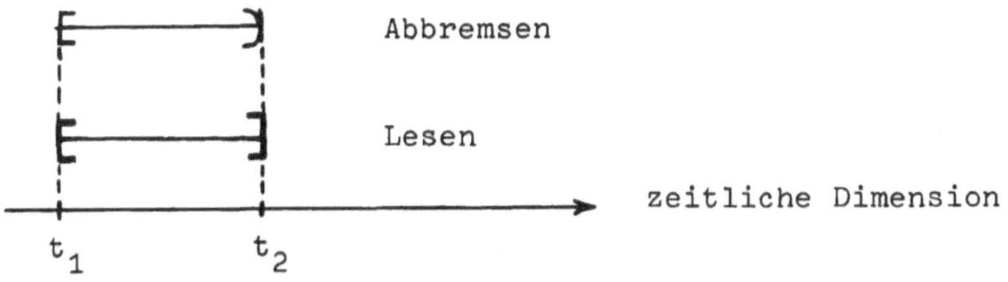

vernünftige Repräsentation der Sätze (4) und (5):

(4) Ich lese die Zeitung von t_1 bis t_2.

(5) Ich bringe das Auto von t_1 bis t_2 zum Stillstand.

Mit dieser notwendigen Korrektur der Annahme (3) ist es jedoch um die Einfachheit und leichten Verständlichkeit der anfangs erwähnten Begriffe 'Gleichzeitigkeit', 'Vorzeitigkeit' und 'Nachzeitigkeit' zur Klassifikation der temporalen Konjunktionen nicht mehr allzu gut bestellt; eine Einsicht, die bei Linguisten noch keinesfalls Allgemeingut geworden ist. Was soll zum Beispiel 'Gleichzeitigkeit von zwei Intervallen' nun eigentlich heißen? Eine ganze Skala von Möglichkeiten ist denkbar; vom einen Extrem der völligen Identität der beiden ausgedehnten Intervalle bis zum andern Extrem der bloßen Überlappung der beiden Intervalle reichend. Und von wann ab können wir von 'Vorzeitigkeit' sprechen? Genügt bereits ein Zeitpunkt, der vor allen Zeitpunkten des andern Intervalles liegt oder muß, als das andere Extrem, das gesamte Intervall vor dem andern Intervall auf der Zeitachse liegen? Antworten auf diese Fragen nach der Brauchbarkeit der beliebten Begriffe 'Gleichzeitigkeit', 'Vorzeitigkeit' und 'Nachzeitigkeit' sind als Antworten auf die Frage, welchen Spezifikationsgrad des temporalen Verhältnisses die einzelnen Konjunktionen verlangen, zu verstehen. Denn halten wir an diesen drei Begriffen fest, dann behaupten wir gleichzeitig, daß die einzelnen Konjunktionen sich auf jeweils eine der mit den drei Begriffen gegebenen Skalen an Möglichkeiten als Ganzes beziehen, anstatt sich etwa auf eine konkrete Möglichkeit aus den Skalen zu beziehen. Wie wir mit den Sätzen (4) und (5) bereits erfahren haben, kann die Form der Intervalle bei unterschiedlichen Sätzen variieren. Bei einzelnen Konjunktionen mag deshalb der Grad an Spezifikation des temporalen Verhältnisses von der Form der Intervalle, die in das Verhältnis eingehen, abhängen. Mit diesen Fragen sind wir an einem Punkt angelangt, bei dem die bis jetzt von vielen Linguisten benutzte Beschreibungssprache selbst in Frage gestellt wird. Für eine Antwort müssen wir bei etwas grundsätzlicheren Überlegungen ansetzen.

Intervalle bilden die zeitliche Ausdehnung der in den Sätzen angesprochenen Geschehnisse ab. Auf einer anderen Ebene, die am Verlauf der Geschehnisse orientiert ist, können mit Sätzen unterschiedliche Geschehensmuster ausgedrückt werden. Denken Sie an einen Satz wie

(6) Die Kinder spielen im Freien.,

womit vom Sprecher normalerweise ein Geschehensmuster gemeint ist, das ohne eine bestimmte Entwicklung und ohne Interesse für einen bestimmten Anfang und ein bestimmtes Ende eine gewisse Dauer hat, und somit auf der Zeitachse gemäß unserer Annahme (3') durch ein beidseitig offenes Intervall wiedergegeben wird. Im Gegensatz dazu intendiert ein Sprecher mit dem Satz

(7) Hans erblickt das Reh am Waldrand.

sicherlich, sich auf ein Geschehensmuster zu beziehen, das nur einen Moment beschreibt und somit auf der Zeitachse als Intervall auch nur einen Punkt einnehmen wird.[6] Da es zumindest auf den ersten Blick fraglich ist, ob die Konjunktion solange im Zusammenhang mit solchen Sätzen wie (7) gebraucht werden kann; also mit Sätzen, die auf nur aus einem Punkt bestehende Intervalle abgebildet werden, liegt übrigens die als Frage formulierte Abhängigkeit der Angaben des jeweiligen temporalen Verhältnisses von der Form der Intervalle bereits ziemlich nahe.

Neben den bereits erwähnten Geschehensmustern müssen wir auf jeden Fall noch eine dritte Art von Geschehensmustern berücksichtigen, worauf ein Satz wie

(8) Der Zug fuhr mit quietschenden Bremsen in den Bahnhof ein.

im Zusammenhang mit der Konjunktion während hinweist.[7] Der Sprecher dieses Satzes hat normalerweise ein Geschehen vor seinem geistigen Auge, das sich auf ein bestimmtes, eintretendes Ziel hin entwickelt, ohne Interesse für einen bestimmten Anfang. Abbilder dieses Geschehensmusters auf der Zeitachse sind links offene und rechts abgeschlossene Intervalle. Diese zusätzlich eingeführte Berücksichtigung der Geschehensmuster mag für unsere Beschreibungssprache durchaus geboten sein, denn sie weisen eine feinere Differenzierung als die Intervalle auf:Unterschiedliche Geschehensmuster können gleiche Intervallformen hervorrufen. So ist ein beidseitig abgeschlossenes Intervall mindestens sowohl das Abbild eines ohne Entwicklung ablaufenden Lesevorgangs von t_1 bis t_2 als auch das Abbild eines sich auf ein Ziel hin entwickelndes Geschehens, wie das Durchlaufen einer bestimmten Strecke im Zeitraum von t_1 bis t_2 mit konstanter Geschwindigkeit (vgl. Figur 3).

Nach meiner Darstellung meinen Sprecher also mit Sätzen gewisse Geschehensmuster, die im Hinblick auf ihre zeitliche Ausdehnung auf Intervalle der Zeitachse abgebildet werden. Wie ist diese Sprechweise mit der für Linguisten vertrauteren Sprechweise von Aktionsarten zu verbinden? Aktionsarten entstehen aus Einteilungen von Verben, Verbalphrasen oder sogar von Sätzen. Konkrete Elemente

Figur 3

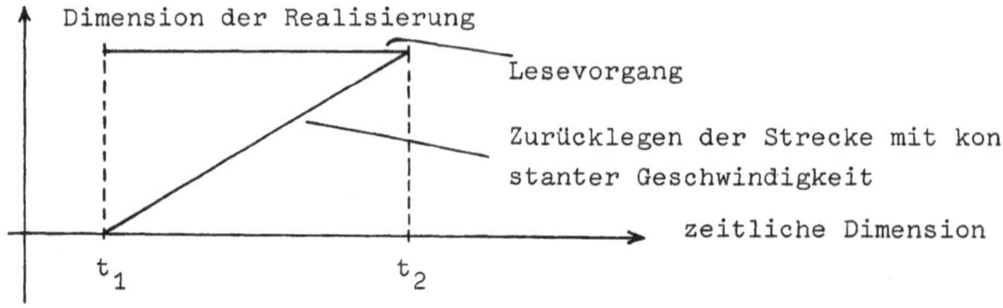

aus den einzelnen, dabei entstehenden Klassen tendieren sicherlich zu bestimmten Geschehensmustern, jedoch reicht meiner Meinung nach diese Tendenz allein bei einigen Phrasen noch nicht, um bei einer konkreten Äußerung einen eindeutigen Bezug auf ein bestimmtes Geschehensmuster herzustellen. Dieser eindeutige Bezug ergibt sich in solchen Fällen nur über die Intention des Sprechers. Nehmen wir Satz

(9) Maria segelt über den Atlantik.,

dann wäre hier als Tendenz sicherlich der Bezug auf das sich auf ein Ziel hin entwickelnde Geschehensmuster anzunehmen, was durch ein rechts abgeschlossenes Intervall dargestellt würde. Eine Sehweise beim Sprecher also, die an der Entwicklung auf das Ziel der gesamten Überquerung des Atlantiks interessiert ist. Neben dieser Sehweise scheint mir aber noch eine weitere Sehweise beim Sprecher zugelassen:Eine Sehweise, die auf die bloße Tätigkeit des Segelns im Atlantik gerichtet ist, womit das durative, entwicklungslose Geschehensmuster intendiert ist und auf ein beidseitig offenes Intervall abgebildet wird. Beide Möglichkeiten von Geschehensmustern stecken in dem Satz (9). Welche von beiden bei einer konkreten Äußerung realisiert wird, hängt von der Intention des Sprechers ab. Dem Hörer bleiben zur Erschließung des jeweiligen Musters, neben der angesprochenen stereotypen Tendenz von bestimmten Phrasen zu bestimmten Geschehensmustern, das Wissen über die Welt, der Kontext und die Betonung. Vergleichen Sie zu den letzten beiden Faktoren[8] etwa die beiden Sequenzen (9') und (9''):

(9') Maria segelt über den Atlantik. In zwei Tagen erreicht sie ihr Ziel, vorausgesetzt das Wetter bleibt so wie es ist.

(9'') Maria segelt über den Atlantik. Im Augenblick ist sie auf der Höhe von Grönland.

Sequenz (9') enthält das zielgerichtete Geschehensmuster, während (9'') das entwicklungslose Geschehensmuster enthält. Der Bereich 'Aktionsarten', häufig als rein semantische Angelegenheit betrachtet, erhält mit dem Einfluß der Intention des Sprechers eine pragmatische Erweiterung. Ehe wir von nun an über das von einer temporalen Konjunktion geforderte temporale Verhältnis des Inhalts der beteiligten Sätze reden, sollte diese pragmatisch zu erfolgende Festlegung des Bezuges der Teilsätze auf einzelne Geschehensmuster und die daraus resultierende Form der Intervalle als bereits geklärt gelten. Von dieser Voraussetzung mache ich im folgenden laufend Gebrauch.

Semantische Beziehungen im System der temporalen Konjunktionen basieren auf der Wortsemantik der einzelnen Konjunktionen. Variierten die lexikalischen Beschreibungen der einzelnen Konjunktionen mit unterschiedlichen Kombinationen von Geschehensmustern oder zumindest mit unterschiedlichen Formen von Intervallen, - was im Zusammenhang mit den bisherigen Überlegungen naheliegend ist -, so stellt sich die Frage, ob das Netz der semantischen Beziehungen zwischen den Konjunktionen von einer solchen Variation ebenfalls betroffen wäre. So sind wir meist schnell bereit, aus der Folgerungsbeziehung zwischen den Sätzen

(10) Die Kinder spielten im Freien, bis der Regen einsetzte.

(11) Die Kinder spielten im Freien, bevor der Regen einsetzte.

abzuleiten, daß <u>bis</u> hyponym zu <u>bevor</u> bezüglich des Aspektes 'Temporales Verhältnis' ist. Dabei haben wir uns jedoch noch gar keine Gedanken über den etwaigen Einfluß einer Variation der Geschehensmuster auf eine solche semantische Relation gemacht. Auch Merkmale einer Bedeutungsbeschreibung der Konjunktionen nehmen im allgemeinen[9] keine Rücksicht auf Geschehensmuster beziehungsweise auf Formen von Intervallen. So finden wir z.B. bei GELHAUS (1974:59) für <u>bis</u> die Merkmalsverteilung: [-Gleichzeitigkeit] $\wedge$ [+Vorzeitigkeit] $\wedge$ [+Terminierung:Ende] und für <u>bevor</u> die Merkmalsverteilung: [-Gleichzeitigkeit] $\wedge$ [+Vorzeitigkeit]. Vergleichen wir beide Beschreibungen, so treten alle Merkmale von <u>bevor</u> auch bei <u>bis</u> auf, was nach einer Auffassung der Hyponymie-Relation nichts anderes heißt, als daß <u>bis</u> hyponym zu <u>bevor</u> bezüglich des Aspektes 'Temporales Verhältnis' ist. Unbestritten soll bleiben, daß es semantische Relationen zwischen den Konjunktionen bezüglich des Aspektes 'Temporales Verhältnis' gibt. Infrage gestellt wird jedoch im Augenblick die Stabilität des semantischen Netzes gegenüber unterschiedlichen Kombinationen von Geschehensmustern oder zumindest gegenüber unterschiedlichen Formen von Intervallen. Dieser Frage möchte ich mich nun anhand der beiden Konjunktionen bis und bevor etwas näher widmen.

Für die Konjunktion bis läßt sich sofort eine allgemein anerkannte Beschränkung formulieren:Mit bis können nur solche Sätze verbunden werden, die dem Sprecher erlauben, ein momentanes Geschehensmuster auszudrücken. Dieser jeweilige Moment, - das Einsetzen des Regens in Satz (10) z.B. -, stellt grob gesprochen eine zeitliche Testmarkierung für das im Hauptsatz ausgedrückte Geschehen dar. Bei der in Satz (10) gegebenen Konstellation heißt dies, daß das Hauptsatzgeschehen nicht vor diesem Moment beendet sein darf. Zumindest im unbetonten Fall von bis muß hier allerdings diese Testmarkierung keineswegs die zeitliche Grenze darstellen, das Hauptsatzgeschehen kann durchaus noch länger andauern. Für die Konjunktion bis wird also das den Gliedsatz repräsentierende Intervall I_β jeweils aus nur einem Zeitpunkt bestehen. Da es für bevor keine entsprechenden Beschränkungen gibt, bleiben für unsere Fragestellung folgende, den herausgegriffenen Geschehensmustern entsprechende, Kombinationen der Formen von Intervallen zu untersuchen:1. I_α beidseitig offen, $I_\beta = \{t_0\}$ 2. $I_\alpha = \{t_1\}$, $I_\beta = \{t_0\}$ 3. I_α links offenes, rechts abgeschlossenes Intervall, $I_\beta = \{t_0\}$.
ad 1. Die bereits angeführten Sätze (10) und (11), sowie die Sätze (12) und (13):

(12) Die Schüler arbeiten, bis es klingelt.

(13) Die Schüler arbeiten, bevor es klingelt.

sind geeignete Beispielsätze. Da wir sicherlich Satz (11) als Folgerung des Satzes (10) und den Satz (13) als Folgerung des Satzes (12) ansetzen, bejahen wir intuitiv die Hyponymiebeziehung zwischen bis und bevor für diese Kombination von Intervallen. Dieses Ergebnis läßt sich bei einer formalen Beschreibung leicht bestätigen:
bis: $\exists t \in I_\alpha : t < t_0 \wedge \forall t \in I_\alpha : \{t' \mid t \leq t' < t_0\} \subseteq I_\alpha$.
bevor: $\exists t_1 \in I_\alpha : t_1 < t_0$. Bevor beansprucht eine der beiden Teilbedingungen für bis.

Halten wir also fest: Für die Kombination mit I_{α} beidseitig offenes Intervall und I_{β} punktuelles Intervall gilt die Beziehung: bis ist hyponym zu bevor bezüglich des Aspektes 'Temporales Verhältnis'.

ad 2. Den Fall von beiden Intervallen als punktuelle Intervalle haben wir in den Sätzen (14) und (15):

(14) Meine Arbeit wird abgeschlossen sein, bis du wiederkommst.

(15) Meine Arbeit wird abgeschlossen sein, bevor du wiederkommst.

Die Folgerungsbeziehung gilt hier nicht nur in der Richtung von Satz (14) auf Satz (15), sondern auch umgekehrt. Dies bedeutet, daß im Falle punktueller Intervalle die beiden Konjunktionen bis und bevor im Sinne der Hyponymie-Beziehung überhaupt nicht voneinander zu unterscheiden sind, da die Hyponymie-Beziehung in beiden Richtungen gilt. Als formale Beschreibung drängt sich hier folgendes auf: bis: $t_1 < t_0$/bevor: $t_1 < t_0$, womit durch die identische Beschreibung für beide Konjunktionen die Nichtunterscheidbarkeit deutlich wird. Trivialerweise ist damit jedoch die Hyponymie-Beziehung zwischen bis und bevor bezüglich des Aspektes 'Temporales Verhältnis' gewährleistet.

ad 3. Betrachten wir uns für diese Kombination die Beispielsätze (16) und (17):

(16) Der Fahrer fuhr rückwärts in die Parklücke im Halteverbot ein, bis er einen Polizisten auf sich zukommen sah.

(17) Der Fahrer fuhr rückwärts in die Parklücke im Halteverbot ein, bevor er einen Polizisten auf sich zukommen sah.

Hier ist meiner Meinung nach Satz (17) keine Folgerung aus Satz (16). Bei Satz (17) ist das Auto bereits eingeparkt, wenn der Fahrer den Polizisten erblickt. M.a.W., der Satz: der Fahrer hat das Auto eingeparkt ist auf jeden Fall eine Folgerung aus Satz (17). Bei Satz (16) ist dies offen. Wir wissen bei diesem Satz nicht, ob der Abschluß des Intervalls mit dem Erreichen des Zieles - in diesem Fall: dem Eingeparktsein - zusammenfällt oder nicht Für Satz (16) reicht somit die Erfassung der Form des Intervalles allein nicht aus, wir müssen vielmehr die beiden möglichen zugrundeliegenden Geschehensmuster berücksichtigen. Intendiert der Sprecher jenes Geschehensmuster, das das Erreichen des Zieles mit einschließt, dann ergibt sich folgende Situation: Bei Satz (16) fällt der Moment des Eingeparktseins mit dem Erblicken des Polizisten zusammen, während bei Satz (17) das Eingeparktsein echt vor dem Erblicken des Polizisten passiert. Also ist hier Satz (17) keine Folgerung aus Satz (16). Die graphische Darstellung muß als Nachweis genügen, da ich mir über die formale Erfassung der Geschehensmuster noch nicht ganz im Klaren bin:

Figur 4

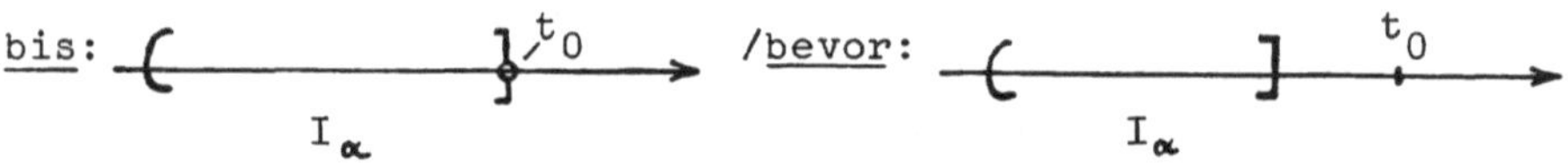

Intendiert der Sprecher dagegen das Geschehensmuster, bei dem der Abschluß des Geschehens vor dem Erreichen des Erreichen des Zieles erfolgt - die für Satz (16) wohl natürlichere Lesart -, dann ist Satz (17) erst recht keine Folgerung aus Satz (16), da - wie wir bereits erkannt haben - für Satz (17) und damit für <u>bevor</u> dieses Geschehensmuster überhaupt ausgeschlossen ist.[10] Insgesamt haben wir damit keine Existenz einer Hyponymie-Relation zwischen <u>bis</u> und <u>bevor</u> bezüglich des Aspektes 'Temporales Verhältnis' bei der soeben betrachteten Kombination 3.[11]
Nebenbei erkannten wir noch einmal die Notwendigkeit der Trennung von Geschehensmustern und Intervallen.

Für die Konjunktion <u>bevor</u> ist der Ausschluß des Geschehensmusters, das zwar eine Entwicklung auf ein Ziel hin enthält, aber vor Erreichen dieses Zieles abbricht, Teil der Wortsemantik dieser Konjunktion. Ebenso bestimmt die Wortsemantik für die Konjunktion <u>bis</u>, daß sie für die Möglichkeiten der diskutierten Geschehensmuster für links offene und rechts abgeschlossene Intervalle offen ist. Steht dazu ein Satz wie (18):

(18) Der Zug fuhr in den Bahnhof ein, bis die Mittagsglocken anfingen zu läuten.

nicht im Widerspruch? Nein, denn es ist unser Wissen über die Welt, das uns sagt, daß Glockenläuten normalerweise keinen Einfluß auf das Einfahren von Zügen in Bahnhöfen hat. Es liegt also nahe anzunehmen, daß der Sprecher des Satzes (18) einzig das zielgerichtete und zum völligen Abschluß kommende Geschehen für den Hauptsatz ausdrücken wollte. Dies berührt aber die Wortsemantik der Konjunktion <u>bis</u> nicht. Es zeigt nur den Einfluß des Wissens über die Welt für die Ermittlung der intendierten Geschehensmuster.

Insoweit dieser kurze Überblick über die Beziehungen zwischen bis und bevor für die temporalen Konjunktionen im Deutschen repräsentativ ist, müssen wir die Abhängigkeit des semantischen Netzes im System der temporalen Konjunktionen von den unterschiedlichen Kombinationen an Geschehensmustern ausdrücklich bejahen. Diese Abhängigkeit resultiert aus der möglichen Variation der lexikalischen Beschreibungen bei unterschiedlichen Kombinationen von Geschehensmustern. Dies hat zur Folge, daß eine weitere, von mir vorhin gestellte Frage bejaht werden muß, nämlich die Frage nach der Abhängigkeit des Grades der Spezifikation des geforderten temporalen Verhältnisses von den jeweiligen Geschehensmustern, die in das Verhältnis eingehen. Bei Geschehensmustern sollten wir dann auch stehen bleiben. Ich möchte letztlich nur soviel an Komplexität bei der lexikalischen Beschreibung befürworten, wie zur adäquaten Erfassung des für uns bereits intuitiv vorgegebenen Netzes an Beziehungen zwischen den temporalen Konjunktionen wirklich erforderlich ist. Daß die bloße Verwendung der Begriffe 'Gleichzeitigkeit', 'Vorzeitigkeit' und 'Nachzeitigkeit' diesem Anspruch nicht genügen kann, ist Ihnen hoffentlich klargeworden.

Anmerkungen

1 Teile dieses Manuskriptes wurden bereits 1982 an der Universität Hannover vorgestellt.

2 In größerem Rahmen müßten auch die beiden andern Annahmen diskutiert werden, wobei die erste Annahme kaum kontrovers sein dürfte. Die Angaben zur zeitlichen Dimension sind als Modell der zeitlichen Wirklichkeit gedacht, insofern erlauben sie andere Strukturannahmen beim jeweiligen Sprachteilnehmer.

3 Der von STEUBE (1980) versuchte Rückgriff auf Reichenbachsche Referenzpunkte dürfte an dieser Stelle genauso wenig zufriedenstellen.

4 Eventuelle sprachliche Gründe für die Linearität und Dichtheit müßten in größerem Rahmen ebenfalls diskutiert werden.

5 Sie unterscheiden sich sonst noch im Hinblick auf ihre Kardinalität. So haben wir das leere Intervall und einelementige Intervalle.

6 Diese Intervalle rühren von Geschehensmustern her, die vom Sprecher bei der Äußerung gemeint sind. Deshalb brauchen wir uns nicht den Kopf darüber zerbrechen, ob Satz (6) nicht 'tatsächlich' ein abgeschlossenes Intervall verlangt und ob es

überhaupt momentane Geschehnisse gibt. Was hier zählt, ist nicht die temporale Wirklichkeit, sondern einzig die Sehweise, die der Sprecher bei der Äußerung einnimmt.

7 Vgl. LUTZEIER (1981). Die sprachlich abgesicherte Rechtfertigung der verwendeten Geschehensmuster bei solchen Untersuchungen ist eines der Probleme, die hier nicht weiters besprochen werden können. STEINITZ (1981) stellt hierzu eine kritische Studie dar.

8 Der Einfluß des Wissens über die Welt wird an einem späteren Beispiel (Satz (18)) deutlich.

9 PETKOV (1979:217) führt kontextabhängige Elemente ein, wobei allerdings nicht klar wird, was genau unter 'Kontext' zu verstehen ist.

10 Die graphische Darstellung für <u>bis</u> ist bei diesem Geschehensmuster identisch mit derjenigen in Figur 4.

11 Eine Lesart von Satz (16), bei der der Fahrer das Manöver nur unternimmt, um die Aufmerksamkeit des Polizisten auf sich zu lenken, ändert nichts an unserem Ergebnis:Für Satz (17) ist diese Lesart ausgeschlossen.

Literatur

GELHAUS, Hermann (1974): "Untersuchungen zur consecutio temporum im Deutschen". GELHAUS, Hermann/LATZEL, Siegfried (eds.) (1974): Studien zum Tempusgebrauch im Deutschen. Tübingen:Narr: 1-127.

LUTZEIER, Peter Rolf (1981): "Wahrheitsdefinitorische Überlegungen zur temporalen Lesart der Konjunktion während". Linguistische Berichte 76: 1-24.

PETKOV, Pavel (1979): "Die Temporalleistung der Konjunktionen im Deutschen". WEYDT, Harald (ed.) (1979): Die Partikeln der deutschen Sprache. Berlin:de Gruyter: 215-222.

STEINITZ, Renate (1981): Der Status der Kategorie "Aktionsart" in der Grammatik (oder: Gibt es Aktionsarten im Deutschen?). Berlin: Akademie der Wissenschaften der DDR.Zentralinstitut für Sprachwissenschaft(Linguistische Studien Reihe A 76).

STEUBE, Anita (1980): Temporale Bedeutung im Deutschen. Berlin: Akademie Verlag(Studia grammatica XX).

ZUM AUSDRUCK DER TEMPORALITÄT

Hartmut Pott

Der vorliegende Beitrag ist als ein erster Versuch zu werten, ein möglichst einfaches Instrumentarium zu entwickeln, um den sprachlichen Umgang mit der Zeit zu beschreiben, wobei es in erster Linie um die Beschreibung der Sprecherkompetenz zu gehen hat.

Zunächst ist Zeit in zweierlei Hinsicht universal:
Einmal ist in jeder Sprache, und ich behaupte in jeder denkbaren natürlichen Sprache, die Möglichkeit zum Ausdruck von Zeit gegeben, und zwar an zentraler Stelle. Die deutsche traditionelle Grammatik spricht von dem Verb als "Zeitwort" und hebt damit diesen Aspekt ganz besonders hervor.
Zum anderen - und das ist die wesentlichere Aussage, die allerdings mit der ersten zusammenhängt - gibt es keine sprachliche Aussage, die nicht explizit oder implizit mit Zeit zu tun hätte:

(1) Ewig nörgelst du an mir rum.

(2) Ewig rauschen die Wälder.

(3) Die Erde dreht sich um die Sonne.

Während in (1) und (2) eine (sicherlich nicht allzu wörtlich zu nehmende) Zeitangabe gemacht wird, ist sie in (3) unterlassen, ebenso wie in Definitionen oder Naturgesetzen:

(4) Der Kreis ist eine ebene Figur, die von einer Linie mit folgender Eigenschaft begrenzt wird: Alle von einem im Innern der Figur gelegenen Punkt zu Punkten der Linie gezogenen Strecken sind gleich. (EUKLID)

(5) Das Mol aller Gase nimmt ein Volumen von 22,4 l ein.

Dennoch kann man nicht sagen, die Aussagen (3) bis (5) seien schlicht "zeitlos" im eigentlichen Sinne des Wortes, sondern das 'immer' wird mitverstanden. Es könnte jetzt der Einwand erfolgen, das bisher Gesagte treffe in gleicher Weise auf den Raum und auf die Modalität zu. Wenden wir uns dieser Frage zu:

(6) Hans arbeitet.

Daß hier Zeitlichkeit implizit vorhanden ist und mitverstanden wird, wird sicherlich nicht bezweifelt, wenn auch verschiedene Lesarten vorliegen können:

(7) Hans arbeitet jetzt gerade.

(8) Hans ist ein arbeitsamer Mensch.

Ebenso zweifelsfrei werden aber auch Räumlichkeit und Modalität mitverstanden, denn Hans arbeitet natürlich irgendwo und irgendwie.

Dennoch ist dies kein echtes Argument gegen die prinzipielle Andersartigkeit der Zeit, wie aus folgendem Beispiel hervorgeht:

(9) Hans arbeitet nicht.

Durch die bloße Verneinung wird die Aussage von Räumlichkeit und Modalität gewissermaßen abgekoppelt. Man kann immerhin noch verstehen, daß

(1o) Hans am gleichen Ort arbeitet und nicht arbeitet,

oder

(11) in der gleichen Weise arbeitet und nicht arbeitet

- aber nicht zur gleichen Zeit. Dabei ist (9) auf die Zeit bezogen durchaus ambig, da die folgenden Lesarten unmittelbar erkennbar sind:

(12) Hans arbeitet überhaupt nicht., d.h.

(13) Hans arbeitet nie.

und

(14) Hans arbeitet gerade nicht., d.h.

(15) Hans arbeitet jetzt im Moment nicht.

Um dem Begriff 'Zeit' näherzukommen, gibt es ganz unterschiedliche Ansätze und Betrachtungsweisen, von denen hier die wichtigsten erwähnt werden sollen:

Die antike und mittelalterliche Philosophie gehen davon aus, daß die objektive Zeit nicht ohne ein reales Substrat verfließe, d.h. etwas müsse in der Zeit beharren (von Dauer sein) und etwas müsse sich in ihr verändern (in Bewegung sein), wobei nicht notwendig eine Ortsveränderung gemeint sein muß. Diese Ansicht wird auch konsequent bei der Zeitmessung sichtbar, denn was gemessen wird, ist nicht eigentlich die Zeit, sondern es werden möglichst gleichförmige (bzw. periodische) Bewegungen oder Veränderungen gezählt, da die Zeit selbst sich einer direkten Messung entzieht.[1]

Die Relativität der Zeit bedeutet, daß die in der klassischen Physik angenommene Absolutheit der Zeit, d.h. daß sie unabhängig von den Dingen und Vorgängen ablaufe (NEWTON), sich bei außerordentlich hohen Geschwindigkeiten nicht mehr halten läßt und sich eine enge Analogie zwischen Zeit- und Raumkoordinaten abzeichnet, so daß eine Messung des zeitlichen Abstands zwischen zwei Ereignissen nicht mehr absolut möglich ist, sondern in Relation zu dem Bewegungszustand des messenden Beobachters.

Die Zeitordnung ist nach klassischer Betrachtungsweise einsinnig gerichtet (im Unterschied zum Raum), daher auch der Versuch der Darstellung mit Hilfe eines Vektors bzw. Zeitstrahls. Mathematisch wird die Zeit als Reihe definiert, deren Relationen unsymmetrisch und transitiv sind. Allerdings gibt es für diese Sehweise Grenzen, einmal in der schon angedeuteten Grenzgeschwindigkeit, nämlich der Barriere der Lichtgeschwindigkeit von ca. 3oo ooo km/sec.[2], zum anderen in der sogenannten Heisenbergschen Unschärferelation.[3]

Die Psychologie versucht, den Zeitbegriff im Gegensatz zur Erkenntnistheorie und zur Physik auf ein Zeitbewußtsein als erlebnismäßiges Erfassen objektiver Zeitabläufe, d.h. auf physiologische und subjektive Kategorien zu reduzieren. Dabei wird der als Gegenwart begriffene Zeitraum (Präsenszeit) mit maximal 6 sec. angegeben, während das kleinste wahrnehmbare Zeitintervall, das vom nächsten abgrenzbar ist, für die einzelnen Sinne sehr verschieden ist.[4] Das subjektive Zeitempfinden unterliegt ganz unterschiedlichen Parametern: Die Geschwindigkeit des Zeiterlebens steigt mit zunehmendem Lebensalter, d.h. kalendermäßig gleiche Zeitabschnitte erscheinen immer kürzer. Ausgefüllte Zeit erscheint "kurzweilig", während ereignislose Zeit als "langweilig" empfunden wird. Im Rückblick erscheinen die ausgefüllten Zeiten lang, während die ereignislosen weitestgehend aus dem Gedächtnis verschwinden. Neben diesen grundsätzlich zu verallgemeinernden Erscheinungen gibt es freilich noch abweichende Änderungen des Zeitempfindens.[5]

Nach diesen einführenden Bemerkungen kommen wir zu einer Betrachtung des Wesens der Zeit. Nach KANTs "Kritik der reinen Vernunft" ist die Zeit (wie auch der Raum) eine "reine Form der Anschauung" und folglich leer und für sich bedeutungslos, während die traditionelle Philosophie die Zeit als eine Art Kontinuum auffaßt. Ein damit zusammenhängendes Problem ist das der Unendlichkeit: Die traditionelle Philosophie geht davon aus, daß die Zeit weder einen Anfang noch ein Ende habe, daß also vor einem beliebig frühen bzw.

nach einem beliebig späten Zeitpunkt auch Zeit sei. Ich bin allerdings der Meinung, daß es sich hier um ein Scheinproblem handelt. Eine andere, für uns wesentlichere Frage ist die nach der inneren Unendlichkeit, also im Mikrobereich die Frage nach dem Zeitpunkt, der unendlich klein im Extrem keine Ausdehnung besitzt und folglich nur theoretisch existiert; denn einen solchen unendlich kleinen Punkt durch unendliche Teilung von Intervallen definieren zu wollen, erscheint abwegig. Ein unendlich kleiner Punkt hat keine Ausdehnung und folglich keine Grenzen. Folglich können solche Zeitpunkte auch nicht aneinander grenzen. Folglich ist auch umgekehrt die Vorstellung eines Kontinuums aus unendlich vielen unendlich kleinen Punkten absurd. Dieses Problem zeigt seine Reize auch in der sophistischen Frage nach dem Beginn des Regens. Streng genommen ist ein Satz wie:

(16) Es beginnt zu regnen.

unlogisch. Wenn man nämlich als Beginn des Regens den Zeitpunkt annimmt, in dem der erste Tropfen fällt, dann hat es schon angefangen zu regnen, und im Zeitpunkt vorher regnet es noch nicht. Der Zeitpunkt ist also eine Chimäre.

Ich behaupte, daß das Wesentliche am Wesen der Zeit ihre Wesenlosigkeit ist. Deshalb sind auch alle Theorien für das, was sie erklären sollen, richtig, für das Gesamte aber falsch. Es ist von daher also völlig legitim, ein eigenes zweckgebundenes Bild zu entwerfen, da man ja nicht das Wesen von etwas Wesenlosem vergewaltigen kann:

Ich gehe davon aus, daß die Zeit ein Element des Nichts ist. Die Vergangenheit ist darin das "Nicht mehr" und die Zukunft das "Noch nicht". Die Gegenwart ist damit das "Nichts" zwischen diesen beiden "Nichtsen".

Der Vorteil dieser Betrachtungsweise ist der, daß sie von anderen, weil eben anderen Zwecken dienenden, Vorstellungen frei macht.

Ich vergleiche die Vergangenheit mit einem beliebig großen Gefäß, dessen Abmessungen ich nicht kenne, die mich aber auch in keiner Weise interessieren. Für die Zukunft gilt dasselbe. Die Gegenwart ist, um im Bild zu bleiben, eine Vorrichtung, durch die unablässig ein Strom von dem einen in das andere Gefäß erfolgt. Um es noch einmal zu betonen: wichtig ist nicht die Größe der Behälter, sondern deren Inhalte, die ich, was die Vergangenheit angeht, zum

Teil kenne und, was die Zukunft angeht, bestenfalls vermuten kann. Da die Zeit selbst, wie ich annehme, aus "Nichtsen" besteht, gibt es keinen sachlichen Hinderungsgrund, diese "Nichtse" zu individualisieren. Ich fasse also Zeitintervalle gewissermaßen als Portionen dieser "Nichtse" auf und kann sie sozusagen als "Element-Nichtse" dieser "Nichts-Klassen" etikettieren. Das mag zwar widersinnig klingen, aber anders ist im Grunde nie verfahren worden.

Da die Zeit nur in Intervallen erfahrbar ist, können wir dem allgemeinen Sprachgebrauch folgen und von subjektiv lang empfundenen von "Zeiträumen" und von kurz empfundenen von "Zeitpunkten" sprechen (womit also nicht der weiter oben kritisierte "Zeitpunkt"-Begriff gemeint ist).

Um die Unterscheidung "Zeitpunkt" vs. "Zeitraum" zu etikettieren bzw. zu symbolisieren, schlage ich vor, Zeitpunkte (kurze Intervalle) mit den Symbolen

(17) m, n, o

und Zeiträume (lange Intervalle) mit den Symbolen

(18) i, j, k

zu bezeichnen. Durch Kombination dieser Symbole können wir nun auf einfache Weise folgende Unterscheidungen symbolisieren:

(19) punktuell: m, n, o (17)

(2o) beidseitig offen: durativ: i, j, k (18)

(21) einseitig offen: inchoativ: mi, nj

(22) einseitig offen: perfektiv: im, jn

(23) beidseitig geschlossen: determinativ: min, njo

(24) wiederholend: iterativ: ...imjnko... (wobei auf die mögliche Unterscheidung von 'ununterbrochen' vs. 'unterbrochen' noch kein Wert gelegt ist)

Dabei ist beim durativen Gebrauch (2o) weder über den Anfang noch über das Ende eines Zustands oder Vorgangs etwas ausgesagt:

(6) Hans arbeitet.

Zwar hat Hans irgendwann einmal angefangen zu arbeiten und wird ebenso irgendwann einmal damit aufhören, aber gerade dieses zweifache 'irgendwann' macht schon deutlich, daß Anfang und Ende nicht Gegenstand der Aussage sind. Ein ganz wesentliches Moment ist die Sprecherintention, also das, was der Sprecher als wahr behauptet, und nicht, was objektiven Wahrheitskriterien genügt.

Zur Verdeutlichung von (19) bis (24) einige Beispielsätze:

(25) Hans trinkt um 13 Uhr einen Schluck Wasser.

(26) Hans arbeitet seit 6 Uhr.

(27) Hans arbeitet bis 17 Uhr.

(28) Hans arbeitet von 6 Uhr bis 17 Uhr.

(29) Hans arbeitet täglich von 6 Uhr bis 17 Uhr.

Ein Satz wie (6)'Hans arbeitet' ist darstellbar durch die Funktion:

(3o) F(a), wobei a = Hans, F = arbeiten.

Da aber, wie wir bereits erwähnt haben, die Zeitlichkeit immer gewissermaßen mitschwingt, auch wenn sie nicht explizit gemacht wird, geben wir ihr eine feste Stelle im Kalkül in der Rolle eines Quasi-Arguments.[6] Da die erste Stelle durchweg mit dem Subjektsargument, die zweite mit dem direkten Objektsargument etc. besetzt sind, schlage ich die jeweils letzte Stelle vor. Eine Aussage, die neben dem Subjekt noch ein direktes und ein indirektes Objekt sowie eine Orts-, Modal- und Zeitbestimmung enthält, hat damit folgende allgemeine Form:

(31) R(a,b,c,l,m,t), wobei R = Relation, l = lokal, m = modal, t = temporal, a, b, c = Individuenkonstanten.

Damit ist ein Satz wie:

(32) Alfred gab diesen Brief Claudia gestern heimlich in der Schule.

vom Stellenwert her markiert.

Da es sich bei den Orts-, Modal- und Zeitbestimmungen nicht um Argumente im eigentlichen Sinn handelt, behalten wir für die einstellige Funktion das Symbol F bei (vgl. (3o)), was damit auch zur Übersichtlichkeit beiträgt.

(33) F(a,l,t,m)

kann als allgemeine Form für:

(34) Hans arbeitete gestern fleißig im Garten.

gelten. Theoretisch ist es natürlich auch möglich, die Zeitbestimmung in das Prädikat aufzunehmen - die natürlichen Sprachen tun dies bis zu einem gewissen Grad ohnehin (vgl. "Zeitwort") -, aber erstens würde einem solchen komplexeren Prädikat wie:

(35) {tF}(a), wobei tF = gestern arbeiten, a = Hans

die Transparenz verlorengehen, andererseits würden die Vorteile wegfallen, die mit der Quantifizierung durch Operatoren möglich sind.

Eine weitere Unterscheidung ist zu treffen zwischen Temporalindividuenkonstanten und Temporalindividuenvariablen. Unter Temporalindividuenkonstanten verstehe ich einerseits definierte:

(36) Jahreszahlen, Daten, Uhrzeiten etc.

und undefinierte:[7]

(37) gestern, heute, morgen, heute abend etc.,

die sich nur am Zeitpunkt der Textäußerung festmachen lassen. Solche Konstanten lassen sich unmittelbar ansprechen. Ich schlage vor, die Symbole einfach entsprechend zu interpretieren.

(38) $F(a,t_{im})$, wobei F = arbeiten, a = Hans, t_{im} = bis 17 Uhr

wäre nun die prädikatenlogische Darstellung von (27).
Im Gegensatz zu den Temporalindividuenkonstanten stehen die Temporalindividuenvariablen wie:

(39) einst, irgendwann, voübergehend etc.

Um diese im Kalkül zu verankern, bietet sich analog zu den Argumentenvariablen die Benutzung des Existenzoperators an:

(4o) $(\exists t)F(a,t)$, zu lesen als: Es gibt wenigstens eine Zeit t zu der gilt, daß a die Funktion F erfüllt.

Bei entsprechender Ausbuchstabierung kann dies die allgemeine Form von:

(41) Hans arbeitet irgendwann.

sein. Der umgekehrte Fall:

(13) Hans arbeitet nie.

ist darzustellen durch:

(42) $\overline{(\exists t)}F(a,t)$,[8]

während ein Satz wie:

(43) Hans arbeitet immer.

mit Hilfe des Alloperators adäquat beschreibbar ist:

(44) $(\forall t)F(a,t)$.

Die Umkehrung:

(45) $\overline{(\forall t)}F(a,t)$

ist im Grunde verzichtbar, da bei einer Ausbuchstabierung mit: Nicht zu allen Zeiten t gilt, daß a die Funktion F erfüllt, für

(46) Hans arbeitet nicht immer.

eigentlich nichts anderes gesagt wird als: Es gibt wenigstens eine Zeit t, für die gilt, daß a die Funktion F nicht erfüllt, was angemessen durch (47) wiedergegeben wird:

(47) $(\exists t)\overline{F(a,t)}$.

Zunächst beschränken wir uns in unserem Modell auf die Grundzeiten Vergangenheit, Gegenwart und Zukunft, wobei ich Vergangenheit als Präteritum, also Vergangenes aus dem Bereich des "Nicht mehr", den ich als Klasse verstehe, Zukunft als Futurum, also sein werdendes aus dem Bereich des "Noch nicht", den ich ebenfalls als Klasse verstehe, werte. Daß die Gegenwart als das derzeit Seiende schwer einzuordnen ist, ist mir bewußt. Da die Gegenwart eine flüchtige Chimäre ist, kann sie auch nicht faßbar sein. Ich greife hilfsweise auf den psychologischen Zeitbegriff zurück und verstehe "Gegenwart" als die Klasse, die aus dem "Nicht mehr" und aus dem "Noch nicht" Ausschnitte für sich beansprucht, die durchaus unterschiedlich lang sein können und sind. Eine einfache Reduktion auf das Zeitintervall der Sprachäußerung, wie sie gewöhnlich vorgenommen wird, scheint mir zu oberflächlich zu sein, was folgendes Beispiel veranschaulichen mag:

(48) Gegenwärtig tragen Jugendliche Jeans und Turnschuhe; (das war vor einem Jahr so, das wird auch in einem Jahr so sein).

Dennoch sei hilfsweise die Zeit der Sprachäußerung als t^o symbolisiert.[9] Zur Formalisierung der Grundzeiten, die ich als Klassen auffasse,benutze ich zunächst recht willkürlich die Exponentenziffern o, 1, 2, und zwar folgendermaßen:

(49) Gegenwart: $|\underline{T^o}| =_{Def} (\lambda t)[\text{Simul}(t,t^o)]$
Vergangenheit: $|\underline{T^1}| =_{Def} (\lambda t)[\text{Ante}\ (t,t^o)]$
Zukunft: $|\underline{T^2}| =_{Def} (\lambda t)[\text{Post}\ (t,t^o)]$.[10]

Mithin gilt:

(5o) $t^o \in |\underline{T^o}|$: t^o ist ein Temporalindividuum der Gegenwart;
$t^1 \in |\underline{T^1}|$: t^1 ist ein Temporalindividuum der Vergangenheit;
$t^2 \in |\underline{T^2}|$: t^2 ist ein Temporalindividuum der Zukunft.

Einige Beispiele zur Verdeutlichung:

(6) Hans arbeitet.

(51a) Hans arbeitete.

(51b) Hans wird arbeiten.

Diesen Sätzen ordne ich die folgenden prädikatenlogischen Strukturen zu:

(52) $(\exists t^o)[F(a,t^o)]$
$(\exists t^1)[F(a,t^1)]$
$(\exists t^2)[F(a,t^2)]$, zu lesen als:

(53) Es existiert ein Temporalindividuum in Gegenwart/Vergangenheit/Zukunft, für das gilt, daß a die Funktion F erfüllt.

Den Grundzeiten sind nunmehr Tempora zuzuordnen, und zwar in offener Liste:

(54) t^{o}: Präsens
t^{1}: (Präsens), Imperfekt, Perfekt, Plusquamperfekt, (passé simple), (Aorist) ...
t^{2}: (Präsens), Futur I, Futur II, futur proche ...

Das Erscheinen des Präsens unter allen Grundzeiten hat mit der Unmarkiertheit dieses Tempus' zu tun.[11] Welches dieser Tempora an der Oberfläche erscheint, ist von spezielleren Bedingungen abhängig, die hier nicht zu erörtern sind, da die Basis hierfür noch zu allgemein ist. Durch Kombination von (19) - (24) mit (5o) entstehen folgende 18 Merkmale:

(55)

1. t^{o}_{m}	7. t^{1}_{m}	13. t^{2}_{m}
2. t^{o}_{i}	8. t^{1}_{i}	14. t^{2}_{i}
3. t^{o}_{mi}	9. t^{1}_{mi}	15. t^{2}_{mi}
4. t^{o}_{im}	1o. t^{1}_{im}	16. t^{2}_{im}
5. t^{o}_{min}	11. t^{1}_{min}	17. t^{2}_{min}
6. t^{o}_{imjnko}	12. t^{1}_{imjnko}	18. t^{2}_{imjnko}

Nun zum Begriff der "Zeitigkeit": Darunter verstehe ich das Verhältnis der Zeiten von Aussagen zueinander. Dazu ein Beispiel:

(56) $(\exists t_i)[F(a,t_i)]^{*}(p)$, $(\exists t_j)[G(b,t_j)]^{*}(q)$, wobei p,q = Aussagen;

die Aussagen p und q lassen sich nun miteinander in Beziehung setzen durch die zweistellige Relation

(57) $R(p,q)$.

Da es sich aber eigentlich nicht um die Beziehung von Aussagen handeln soll, sondern um die Relation zwischen Zeitangaben, kann man statt (57) auch schreiben:

(58) $R(t_p,t_q)$.

Grundsätzlich sind drei Zeitverhältnisse möglich:

(59) Die Aussagen p und q sind gleichzeitig;
die Aussage p ist der Aussage q gegenüber vorzeitig;
die Aussage p ist der Aussage q gegenüber nachzeitig.

Je nachdem, ob es sich um Gleichzeitigkeit, Vorzeitigkeit oder Nachzeitigkeit handelt, ist (58) umzusetzen in:

(6o) $\text{Simul}(t_p, t_q)$
$\text{Ante}(t_p, t_q)$ [12]
$\text{Post}(t_p, t_q)$

In (6o) sind relativ grobe Klassifizierungen von Zeitverhältnissen vorgenommen worden, die sich aber mühelos verfeinern lassen, ohne das Symbolinventar aufzublähen. Duch Kombination mit (5o) läßt sich ohne Schwierigkeiten darstellen, ob Gleichzeitigkeit, Vorzeitigkeit oder Nachzeitigkeit in Vergangenheit, Gegenwart oder Zukunft vorliegt.

(61) $\text{Simul}(t_p^1, t_q^1)$

besagt beispielsweise, daß zwischen der Zeit der Aussage p und der Zeit der Aussage q, die beide in der Vergangenheit liegen, Gleichzeitigkeit besteht. Damit ist ein Satz zu beschreiben wie:

(62) Während Hans arbeitete, schlief Karl.

Mit (63) ist ein Verhältnis der Vorzeitigkeit in der Zukunft zu beschreiben:

(63) $\text{Ante}(t_p^2, t_q^2)$,

womit ein Satz wie (64) umschrieben ist:

(64) Nachdem Hans gekommen ist (sein wird), wird er lesen.

Es lassen sich dazu mühelos weitere Beispiele entwickeln. Auf diese Art lassen sich möglicherweise die REICHENBACHschen Referenzpunkte umgehen. Immerhin bleibt das Verfahren noch grob, da Gleichzeitigkeit zweierlei meinen kann: 1. Kongruenz bzw. Identität, wobei der Ausdruck 'Kongruenz' besser zu Zeiträumen und 'Identität' besser zu Zeitpunkten zu passen scheint; doch ist dies eher eine akademische Frage, so daß wir diese Unterscheidung fallen lassen können und uns für (65) entscheiden:

(65) $I(t_p, t_q)$, zu lesen als: Das Temporalindividuum der Aussage p ist mit dem Temporalidividuum der Aussage q identisch.

'Gleichzeitigkeit' meint 2. aber auch, daß ein Zeitindividuum in einem anderen enthalten sein kann (etwa vergleichbar mit einer russischen Puppe):[13]

(66) Während Hans arbeitete, schlief Karl ein.

Der Satz hat seinen Sinn darin, daß Karl einschläft (Zeitpunkt t_q) und Hans schon vor dem Einschlafen von Karl und auch noch danach arbeitet (Zeitraum t_p). Das Temporalindividuum t_q ist eindeutig in dem Temporalindividuum t_p enthalten. Die Relation 'enthält' symbolisieren wir mit E:

(67) $E(t_p,t_q)$, zu lesen als: t_p enthält t_q.

Bei genauerer Betrachtung sind auch die Relationen 'vorzeitig' und 'nachzeitig' noch präziser faßbar. Drei Möglichkeiten sind denkbar:[14]

(68) Die Temporalindividuen berühren sich nicht (passant):
t_p t_q,

(69) die Temporalindividuen berühren sich in einem gemeinsamen Punkt (tangent):
t_p | t_q,

(7o) die Temporalindividuen berühren sich in mehreren Punkten, d.h. sie überschneiden sich (secant), ein Grenzfall der partiellen Gleichzeitigkeit:
t_p
t_q.

Die Fälle (69) und (7o) machen keine Erweiterung unseres Inventars erforderlich, sondern lediglich eine Präzisierung:

(71) $(t_{im})_p$, $(t_{nj})_q$, $Ante(t_i,t_j).I(t_m,t_n)$

(72) $(t_{im})_p$, $(t_{nj})_q$, $Ante(t_i,t_j).E(t_i,t_n).E(t_j,t_m)$.

Allerdings gehören diese Fälle in der Sprache eher zu den Seltenheiten, zu denen man Beispiele schon suchen muß.

Daneben erlaubt das vorliegende System die Formalisierung von Sätzen des Typs:

(73) Gestern ist Hans weggefahren, und morgen kommt Karl.

(74) $(t^1_{mi})_p$, $(t^2_n)_q$.[15]

Die Umsetzung in Strukturen der generativen Syntax kann recht einfach erfolgen. Es handelt sich in (57) um eine Relation zwischen zwei Aussagen, die als Temporalrelation aufgefaßt werden soll; wir können modifizieren :

(75) TR(p,q).

Wenn wir dies als einen Aussagenkomplex ansehen, können wir (75) durch ein allgemeines Strukturdiagramm repräsentieren:

(76) TR(p,q) → ZV(AK)
p q, wobei ZV = Zeitverhältnis und
AK = Aussagenkomplex.

Um diesen Aussagenkomplex in ein Satzgebilde zu überführen, verwenden wir auf der Ebene vor einer Strukturentscheidung ein Σ:

(77) ZV(AK) → ZV(Σ).

Je nachdem, ob die Entscheidung für Parataxe oder Hypotaxe ausfällt, ist zu wählen zwischen (78) und (79):

(78)

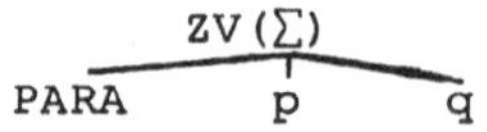

(79)

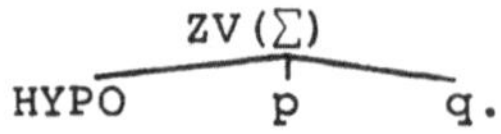

Die Repräsentation der Aussagen durch Oberflächensätze wird eingeleitet durch:

(8o) $p \rightarrow (S)_p$

$q \rightarrow (S)_q$.

Da die Symbole PARA und HYPO in den Strukturanweisungen (78) und (79) nur für die syntaktische Beziehung der Sätze zueinander stehen, nicht aber als Platzhalter für einzusetzende Konjunktionen oder Subjunktionen, ist noch ein Zwischenschritt vorzusehen, in dem die Strukturanweisungen in Strukturbilder zu überführen sind:

(81)

(82)

Die Ausgaben von (81) und (82) lassen sich dann als Eingabeketten für Regeln des Typs der Konstituentenstrukturregeln verwenden.[16] Der Gebrauch der einzelnen Konjunktionen und Subjunktionen in Parataxe und Hypotaxe wird durch Bedingungen auf der Transformationsebene beschreibbar, was insbesondere der Vorstellung der Sprecherintention entgegenkommt.

Das vorgelegte System versucht, in möglichst einfacher Symbolik, Aspekte der Temporalität zu beschreiben und dürfte in Verbindung mit weiterführenden Überlegungen (Verbsemantik, Aktionsarten etc.) auch Chancen für die Erfassung der Aspektproblematik bieten. Dazu wird allerdings eine Modifikation bzw. Verfeinerung dieses ersten Ansatzes erforderlich werden.

Anmerkungen

1 Ob es sich bei diesen Bewegungen um die Nilüberschwemmungen oder den Erdumlauf um die Sonne oder Schwingungen eines Quarzkristalls handelt, ist im Grunde einerlei. Gemeinsam ist allen Methoden, daß sie die Zeit gewissermaßen indirekt messen.

2 Genau 299 792,5 km/sec.

3 Damit ist gemeint, daß in Zeitzonen der Dimension 10^{-23} zeitliche Verwaschungen auftreten, d.h. daß in diesen Zonen die Zeit quasi zu "stolpern" beginnt. Durch die starke Interdependenz der Elementarteilchen können in diesem Bereich gewisse Prozesse rückwärts laufen. Die Erforschung dieses Phänomens scheint noch nicht vollständig abgeschlossen zu sein.

4 Der Abstand unterscheidbarer optischer Reize liegt bei 1/1o bis 1/18 sec., der akustischer Reize bei lediglich 1/5oo sec.

5 Faktoren hierfür sind z.B. Übermüdung, Traum, Drogen etc.

6 Ein Argument im eigentlichen Sinne ist t schon deswegen nicht, weil es allein nicht ausreicht, in der Dualität mit einem beliebigen Prädikat eine Aussage zu konstituieren.

7 Man könnte die undefinierten Konstanten auch als abhängige Variablen (im Gegensatz zu den unabhängigen Variablen) auffassen. In der Konsequenz ändert das freilich nichts.

8 Auch mit dem Alloperator darstellbar: $(\forall t)\overline{F(a,t)}$

9 Mit der Wahl der Null soll einerseits das indifferente und unmarkierte Moment zum Ausdruck kommen, andererseits ist damit der Charakter des Ausgangspunkts symbolisiert.

1o Es wird bewußt auf die sonst üblichen Zeichen $< \; > \; \leq \; \geq \; =$ verzichtet, da diese mißverständlich sein können, z.B. kann $<$ als 'zeitlich vor' und als 'quantitativ kürzer' verstanden werden.

11 Vgl. lat. präs. hist. oder lebhafte Berichterstattung im Deutschen.

12 Man könnte daran denken, durch Vertauschen von p und q 'Ante' oder 'Post' einzusparen, doch es gibt gute Gründe dagegen.

13 (a) Im 15. Jhdt. entdeckte Kolumbus Amerika.
(b) In der zweiten Hälfte des 15. Jhdts. entdeckte K. Amerika.
(c) Im letzten Jahrzehnt des 15. Jhdts. entdeckte K. Amerika.
(d) Im Jahre 1492 entdeckte Kolumbus Amerika.
(e) Im Oktober 1492 entdeckte Kolumbus Amerika.
(f) Am 12. Oktober 1492 entdeckte Kolumbus Amerika.

14 Statt der in (68) bis (7o) vorgeschlagenen Graphiken ist auch die Darstellung mit Venn-Diagrammen möglich.

15 'Ante' oder 'Post' wären hier redundant, da durch 1 und 2 schon die Klassenzugehörigkeit von p (Vergangenheit) und q (Zukunft) zum Ausdruck gebracht ist.

16 Für genauere Einzelheiten verweise ich auf mein Buch von 1976 "Der Ausdruck der Konzessivität im Französischen".

ATTRIBUTIVE ADJEKTIVE MIT INFINITIVEN IM ENGLISCHEN

Günter Rohdenburg

1. Dieser Beitrag beschäftigt sich mit Konstruktionen wie der in (1) gesperrt notierten.

(1) A flying saucer is a t o u g h o b j e c t t o t r a c e.

In dieser Konstruktion, die ich als TOUGH OBJECT bezeichne, ist das Adjektiv Teil eines Nominalausdrucks. Es erscheint vor dem Nomen, in attributiver Stellung also; dem Nomen folgt zudem ein Infinitiv mit to.[1] Es gibt zwar eine Fülle von Arbeiten, die sich mit entsprechenden prädikativen Konstruktionen wie in (2) befassen.[2]

(2) A flying saucer is (an o b j e c t w h i c h i s) t o u g h t o t r a c e.

TOUGH OBJECTS wie in (1) sind dagegen bisher erst einmal, in einer Dissertation von BERMAN (1974), ausführlicher untersucht worden. BERMAN kann überzeugend nachweisen, daß innerhalb der Transformationsgrammatik Konstruktionen wie in (1) nicht von solchen wie in (2) mit Klammerausdruck ableitbar sind. Im Rahmen dieses Nachweises bemüht sich BERMAN darum, die besonderen Vorkommensbeschränkungen von TOUGH OBJECTS zu erfassen und zu analysieren. Das ist ihr aber erst zum Teil gelungen. Zum einen werden eine Reihe von zusammengehörigen Beschränkungen lediglich zusammenhanglos registriert. Daß sie als Reflex der Semantik und Pragmatik der Konstruktion zu verstehen sind, wird dabei nicht erkannt. Zum andern werden zumindest in zwei Fällen Beschränkungen formuliert, die bei genauerer Analyse widerlegbar sind. Ziel dieser Untersuchung ist es, die erkannten Mängel überwinden zu helfen. Insbesondere soll dabei gezeigt werden, daß TOUGH OBJECTS ohne Berücksichtigung kommunikativer Gesichtspunkte nicht angemessen beschrieben werden können.

2. Die wichtigste Beschränkung von TOUGH OBJECTS besteht nach BERMAN (1974) darin, daß die Konstruktion auf die Funktion des Prädikatsnomens festgelegt sein soll.[3] Diese Feststellung, die

im übrigen schon von KÖNIG (1971: 91-92) vorweggenommen wurde, gründet sich auf eine Fülle von Gegenüberstellungen wie folgenden:

(3) Joe is a hard man to get along with.

(4) *Mary met a hard man to talk to.

(5) *Mary works for a hard man to get along with.

(6) *A hard man to argue with visited me this morning.

In diesen und allen anderen Beispielen BERMANs ist es so, daß TOUGH OBJECTS nicht oder nicht ohne merklichen Akzeptabilitätsverlust außerhalb der Prädikatsnomenfunktion vorkommen können. Bevor wir die Kernthese BERMANs kritisch überprüfen, erscheint es angebracht, zunächst einmal das semantisch/pragmatische Potential von Sätzen wie (1) und (3) zu skizzieren, in denen TOUGH OBJECTS die Funktion des Prädikatsnomens wahrnehmen.

Sätze mit Prädikatsnomen drücken entweder Element-Menge-Beziehungen wie in (3) oder Teilmenge-Menge-Beziehungen wie in (1) aus. In TOUGH OBJECTS bezeichnen Adjektiv und Infinitiv keine getrennten Eigenschaften, die dem Referenten des Bezugsnomens zugeschrieben werden. Vielmehr sind Adjektiv und Infinitivkonstruktion zu einer einzigen Eigenschaftsbezeichnung verschmolzen (vgl. auch JONES 1977: 134 ff.). Ein Satz wie (7a) impliziert (7b),(7c) und (7d), nicht jedoch (7e).

(7a) It is an easy machine to clean.

(7b) It is a machine.

(7c) It is easy to clean for a machine.

(7d) It is an easy-to-clean machine.

(7e) It is an easy machine.

Die Sätze (7a) und (7d) implizieren sich wechselseitig. Im Gegensatz zu TOUGH OBJECTS unterliegt der entsprechende Ausdruck in (7d) keinen besonderen syntaktischen Beschränkungen. Allerdings sind derartige komplexe Adjektive nur beschränkt produktiv (vgl. dazu auch NANNI 1980).

Für die kommunikative Funktion von TOUGH OBJECTS ist bedeutsam, daß das Nomen - im Gegensatz zu den meisten syntaktisch frei verwendbaren Adjektiv-Nomen-Konstruktionen - grundsätzlich nicht den Hauptakzent oder einen Kontrastakzent tragen kann. Hierdurch ist (7a) beispielsweise von (7d) unterschieden. Diese erkenntnisleitende Tatsache ist von BERMAN übersehen worden.

Damit wird nun eine für TOUGH OBJECTS charakteristische Gliederung in kommunikativ wichtige und weniger wichtige Bereiche gewährleistet. So ist das Nomen in TOUGH OBJECTS grundsätzlich als vorgegebenes Element, als GIVEN im Sinne von CHAFE (1975), ausgewiesen. Sieht man von der sehr selten zu beobachtenden Möglichkeit ab, daß das Subjekt oder die komplexe Eigenschaftsbezeichnung einen Kontrastakzent haben, dann trägt die Eigenschaftsbezeichnung den Hauptakzent und nimmt den Status eines neuen Elements (NEW) ein. In jedem Fall wird bei einem Beispiel wie (7a) die Gültigkeit von (7b) (als bekannt) vorausgesetzt. (7b) bildet eine Art Hintergrund, auf dem die eigentliche Aussage (7c) gemacht wird. Der unterschiedliche kommunikative Status von (7b) und (7c) wird u.a. an folgenden Gegebenheiten faßbar:

1) Der Satz (7b) stellt zwar eine Element-Menge-Beziehung dar. Trotzdem kann (7a) nicht als sinnvolle Antwort auf eine Frage gelten, mit der die kategoriale Zuordnung von <u>it</u> erfragt wird. Im Gegensatz zu (7b) und (7d) kann also (7a) keine Beantwortung der Frage "What is it?" darstellen.

2) Nehmen wir an, daß Aussagen wie (7a) verneint oder bejaht werden durch Kommentare wie diejenigen in (8).

(8a) That's not true. - That's a lie.

(8b) That's true. - That's right.

Dann gilt die Zuweisung dieses Wahrheitswertes normalerweise nicht für (7b), sondern ausschließlich für (7c). In der Abfolge (8b) und (7c) ist der kommunikativen Absicht von (7a) entsprochen worden. In der Abfolge (8b) und (7b) wird diese Absicht verkannt.

In der Literatur sind eine große Zahl von Möglichkeiten der Gliederung von Aussagen in kommunikativ wichtige und weniger wichtige Bereiche vorgeschlagen worden. Hierher gehört natürlich auch das Begriffspaar Präsupposition und Assertion, mit dem das Verhältnis von (7b) und (7c) gekennzeichnet werden könnte. Ich muß es mir versagen, diese und andere kommunikative Gliederungen anhand von Sätzen mit TOUGH OBJECTS zu besprechen. Stattdessen werde ich mich in dieser Untersuchung auf eine Möglichkeit der kommunikativen Gliederung konzentrieren, die für diese Untersuchung am fruchtbarsten gewesen ist. Es handelt sich um die von

ERTESCHIK-SHIR/LAPPIN (1979) vorgeschlagene Unterscheidung von (potentiell) dominanten und nicht dominanten Elementen eines Satzes. Der Diskursbegriff der Dominanz wird wie folgt festgelegt (ERTESCHIK-SHIR/LAPPIN 1979: 45):

> ... a constituent is dominant in a sentence S when a speaker intends to draw attention to its semantic content by uttering S.

Zur Ermittlung der möglichen Dominanz von Nebensätzen verwenden ERTESCHIK-SHIR/LAPPIN einen Test, der von mir im Zusammenhang mit (8) schon angesprochen wurde. Sätze, die sich in dieser und anderer Art kommentieren lassen, sind (potentiell) dominant. Nichtkommentierbare Sätze sind dagegen nicht dominant. Wenn wir diese Unterscheidung auf die Verhältnisse in (7) übertragen dürfen, dann wären (7b) und (7c) auf den Status nicht dominant bzw. dominant festgelegt.

3.1. In einem früheren Aufsatz (ROHDENBURG 1980) habe ich gezeigt, daß es im Englischen neben TOUGH OBJECTS eine Reihe weiterer Adjektiv-Nomen-Konstruktionen gibt, die auf die Prädikatsnomenfunktion festgelegt zu sein scheinen oder zumindest (noch) nicht unbeschränkt anderweitig vorkommen können. In den beschriebenen Fällen ist es so, daß die Nomen im allgemeinen relativ unspezifisch sind. Je spezifischer sie ausfallen, um so geringer ist der Akzeptabilitätsgrad der Konstruktion. Ich habe dies u.a. an Beispielen wie (9a) und (9b) belegt.

(9a) Is he a fit person to teach in a university?

(9b) *Is he a fit lecturer to teach in a university?

BERMAN (1974: 361) behauptet dementsprechend, daß die Nomen in TOUGH OBJECTS nahezu inhaltsleer sein müssen. Sie verweist dabei auf Ausdrücke wie (10) und (11), die als TOUGH OBJECTS ausgeschlossen seien.

(10) an impossible encyclopedia to read

(11) a hard Frenchman to work with

Diesen ihr rätselhaft anmutenden Befund hat BERMAN nun nicht weiter erörtert. Wir sind jedoch inzwischen in der Lage, diese Beobachtungen zu erklären. Zunächst ist festzustellen, daß BERMANs Aussage zwar ein Stück Wahrheit enthält, aber in der vorliegenden Form nicht aufrecht erhalten werden kann. Wichtig ist nämlich nicht so sehr, daß die Nomen in Sätzen wie (7a) von Hause aus semantisch unbestimmt sind, sondern daß ein Satz wie (7b) (als bekannt vorausgesetzt werden kann und) als nicht dominant interpretierbar ist. Je inhaltsärmer ein Nomen ist, um so besser ist es allerdings für diese Aufgabe geeignet. Spezifische Nomen sind in TOUGH OBJECTS aber keineswegs ausgeschlossen. Insbesondere in Verbindung mit Demonstrativpronomen als Subjekt sind sie sogar des öfteren nachweisbar. So wartet BERMAN selber neben vielen anderen mit Gegenbeispielen wie (12) und (13) auf, an die sie sich später offensichtlich nicht mehr erinnert.

(12) This is an easy violin to play sonatas on. (BERMAN 1974: 20, 330)

(13) This is a hard pillow to throw. (BERMAN 1974: 21)

Der Grund für das recht häufige Zusammentreffen von relativ spezifischen Nomen und Demonstrativpronomen liegt auf der Hand. In jedem Falle, ob die Pronomen nun anaphorisch oder exophorisch verstanden werden, ist es naheliegend, das Nomen (als vorgegeben und) einen (7b) entsprechenden Satz als nicht dominant aufzufassen. Auch der in (10) genannte Ausdruck könnte unter diesen Bedingungen (aber auch anderweitig) ohne weiteres als TOUGH OBJECT erscheinen.

3.2. Ganz anders verhält es sich im Fall von (11). Dieser Ausdruck scheint nun tatsächlich nicht als TOUGH OBJECT zulässig zu sein. Das hängt mit der Semantik der Konstruktion (7a) zusammen, wie sie oben angedeutet wurde. Der Ausdruck Adjektiv + Infinitiv ist als (restriktives) Bestimmungselement zu interpretieren, auch dort, wo eine zu (7d) parallele Konstruktion oberflächlich nicht möglich ist. Durch das Bestimmungselement wird hier die vom Nomen bezeichnete Menge von Objekten auf eine Teilmenge derselben eingeschränkt. Es zeigt sich nun, daß längst nicht alle der theoretisch denkbaren Einschränkungsmöglichkeiten in TOUGH OBJECTS auch als normal gelten können. Sehen wir uns dazu einige aufschlußreiche Gegenüberstellungen an:

(14a) ?He is a hard Frenchman to work for.

(14b) He is a hard boss to work for.

(15a) ?Man is a difficult mammal to please.

(15b) Man is a difficult mammal to describe.

(16a) ?This is a hard nut to discuss.

(16b) This is a hard nut to crack.

Voll akzeptabel sind jeweils nur diejenigen Konstruktionen, in denen der Ausdruck Adjektiv + Infinitiv nach unserem Weltverständnis geläufige oder zumindest sinnvolle Klassifizierungsmöglichkeiten der durch die Nomen bezeichnete Klasse von Objekten darstellt. In (14) kann hard to work for zwar nicht bei Franzosen, wohl aber bei Chefs als eine etablierte Kategorisierungsmöglichkeit bezeichnet werden. Entsprechendes gilt für die Beispiele in (15) und (16).

Auf diesem Hintergrund lassen sich weitere Distributionsbeschränkungen erklären, denen TOUGH OBJECTS im Gegensatz zu vergleichbaren prädikativen unterworfen sind. In TOUGH OBJECTS können die Nomen nicht von zusätzlichen Elementen, insbesondere nicht von Adjektiven, modifiziert werden (BERMAN 1974: 44). Wir vergleichen dazu (17a) und (17b).

(17a) *Mary is an easy tall woman to talk to.

(17b) Mary is a tall woman who (it) is easy to talk to.

Außerdem sind nach BERMAN (1974: 31-32) TOUGH OBJECTS unzulässig, wenn die betreffenden Infinitive durch not negiert werden. Man vergleiche:

(14c) *He is a hard boss not to work for.

(14d) He is hard not to work for.

In meiner Sicht haben wir es in beiden Fällen eben mit höchst abwegigen Klassifizierungen zu tun. Man kann sich schwer Dinge vorstellen, bei denen Ausdrücke der Form Adjektiv + not + Infinitiv nach unserem Weltverständnis überhaupt sinnvolle Kategorisierungsmöglichkeiten darstellen können. Völlig auszuschließen sind derartige TOUGH OBJECTS jedoch keineswegs. So dürfte ein Beispiel wie (18) im allgemeinen kaum noch befremdlich wirken.

(18) That is a hard temptation not to fall for.

In vergleichbarer Weise ist auch die Modifizierung eines Nominalausdrucks wie tall woman durch easy to talk to abweichend. Dem komplexen Ausdruck tall woman kommen keine eigenständigen bewertbaren Funktionen zu. Easy to talk to stellt in Bezug auf die Klasse der tall women keine geläufige oder sinnvolle Klassifizierungsmöglichkeit dar.

Es ist schon wiederholt festgestellt worden, daß sogenannte <u>epithets</u> wie <u>fool</u>, <u>bastard</u> und <u>idiot</u> sich in Hinblick auf ihre Verweisungseigenschaften wie generelle Nomen verhalten können (BOLINGER 1972: 301-305; BOLINGER 1977: 50-51; HALLIDAY/HASAN 1976: 274 ff.). Um so mehr muß verwundern, daß <u>epithets</u> in unserer Konstruktion offenbar nicht erscheinen können. Diese Beschränkung scheint bislang noch nicht festgestellt worden zu sein. Man vergleiche:

(19a) *He is a tough idiot to work for.

(19b) That idiot is tough to work for.

Der Grund für diese Beschränkung liegt auf der Hand. Ausdrücke der Form Adjektiv + Infinitiv bewerten Funktionen, die den betreffenden Nomen nach unserem Weltverständnis zugewiesen werden. Mit <u>epithets</u> sind aber von Hause aus keine bewertbaren Funktionen verbunden. Zudem scheint die mit TOUGH OBJECTS unvereinbare Neigung zu bestehen, einen Haupt- oder Kontrastakzent auf die jeweiligen <u>epithets</u> zu legen.

4.1. Greifen wir nun die Frage auf, ob TOUGH OBJECTS entgegen BERMANs Kernthese nicht auch außerhalb von Prädikatsnomen erscheinen können. Immerhin könnte vermutet werden, daß dies immer dann möglich ist, wenn das für (7a) angesetzte semantisch/pragmatische Potential vorliegt. Diese Vermutung konnte vollauf bestätigt werden. Zunächst kann auf eine Reihe von Konstruktionen verwiesen werden, von denen schon in der traditionellen Grammatik oder im Rahmen der Transformationsgrammatik festgestellt worden ist, daß ihre Bedeutungsstruktur eine Element-Menge-Relation enthält.

(20) We have found Len, a difficult man to work with.

(21) Their interest in Len lies in his nuisance value as a difficult man to work with.

(22) Len turned (developed/was made) into a difficult man to work with.

(23) They considered (called/declared) Len a difficult man to work with.

(24) They regard (look upon/refer to/denounce/condemn) Len as a difficult man to work with.

(25) Len sounds (looks) like a difficult man to work with.

In der Bedeutungsstruktur dieser Sätze ist die Information (26a) enthalten.

(26a) Len is a difficult man to work with.

(26a) wird jedoch nur z.T., in (20) und (21), impliziert. Die mit (7b) und (7c) vergleichbaren Implikationen, (26b) und (26c), müssen also nicht unbedingt gegeben sein.

(26b) Len is a man.

(26c) Len is difficult to work with for a man.

Natürlich sind die TOUGH OBJECTS in (20) - (25) nur so lange akzeptabel,wie das jeweilige Nomen von einem Haupt- oder Kontrastakzent freibleibt. Die Information (26b) ist grundsätzlich nicht dominant. (26c) kann naturgemäß in den komplexeren Konstruktionen seine Dominanz einbüßen. In allen Fällen handelt es sich um - wenn auch noch recht triviale - Gegenbeispiele zu der Kernthese BERMANs (1974).

4.2. Wenden wir uns nun einer bisher fast ganz vernachlässigten Konstruktion zu, die ebenfalls eine Element-Menge-Beziehung einschließen kann.

(27a) In Len we have found a difficult man.

In (27a) soll der Präpositionalausdruck nicht als Ortsangabe aufgefaßt werden. So verstanden, hat der Satz u.a. folgende Implikationen:

(27b) Len is a man.

(27c) Len is a difficult man.(=Len is difficult qua man.)

(27d) We have found Len.

(27e) We have found a difficult man.

Uns interessiert hier nur die naheliegende Situation, bei der der Hauptakzent nicht auf das Nomen <u>man</u>,sondern auf dessen Bestimmungselement <u>difficult</u> fällt. In diesem Fall ist (27c) als dominant ausgewiesen. Die anderen Implikationen, also auch (27b), sind nicht dominant. Im Hinblick auf (27b) und (27c) liegt hier also eine mit (7b) und (7c) übereinstimmende Situation vor. Die Konstruktion (27a) dürfte damit die Bedingungen erfüllen, die an TOUGH OBJECTS gestellt zu sein scheinen. Und erwartungsgemäß sind TOUGH OBJECTS ebenfalls in der Konstruktion (27a) gestattet.

(28) In Len, we have found a difficult man to work with.

In (28) erscheint unsere Konstruktion als direktes Objekt. Innerhalb dieses Satztyps können TOUGH OBJECTS darüberhinaus auch folgendermaßen realisiert sein: als sogenanntes _retained object_, als Präpositionalobjekt, als Präpositionalausdruck, der Teil eines Nominalausdrucks ist und schließlich als Subjekt. Z.B.:

(29) In Len, we have been given a difficult man to work with.

(30) In Len, we had to deal with a difficult man to work with.

(31) In Len, we have a clear case of a difficult man to work with.

(32) In Len, a difficult man to work with has arrived on the scene.

Parallel zu einem Präpositionalausdruck mit _in_ lassen sich auch _here_ und _there_ in nichtlokaler Bedeutung verwenden. Man vergleiche:

(33a) *We have found a difficult man to work with.

(33b) Here(There) we have found a difficult man to work with.

(33b) ist nur in der hier interessierenden Bedeutung voll akzeptabel. Der Satz hat also u.a. folgende Implikationen:

(33c) This(That) is a man. (nicht dominant)

(33d) This(That) man is difficult to work with for a man. (dominant)

Es scheint nun geklärt zu sein, warum Beispiele wie (4) - (6) oder (33a) von Muttersprachlern für nicht akzeptabel befunden werden. Diese Sätze enthalten keine Informationen, die (7b) und (7c) oder (26b) und (26c) entsprächen.

4.3. Bei genauerer Betrachtung von Sätzen wie (4) - (6) und (33a), deren semantische Struktur keine Element-Menge-Relation enthält, fällt auf, daß der Akzeptabilitätsstatus von TOUGH OBJECTS beträchtlich schwanken kann. Nach den bisherigen Ausführungen scheint sich folgende Erklärung hierfür anzubieten: Das auffällige Schwanken des Akzeptabilitätswerts bei Fällen wie (33a) und (4) - (6) ergibt sich u.a. daraus, daß eine (26b) und (26c) entsprechende Information durch den Kontext mehr oder weniger eindeutig nahegelegt sein kann. Auch diese Hypothese konnte bestätigt werden. Unter ansonsten gleichen Bedingungen ist ein Satz, in dem eine mit (26b) und (26c) vergleichbare Information zusammen mit dem Kontext ausdrücklich übermittelt wird, wesentlich akzeptabler ist als einer, in dem diese Information gar nicht geliefert oder nur vage angedeutet wird. So sind beispielsweise als Fortführung des Dialogausschnitts in

(34) die Sätze (35) - (39) dann und nur dann akzeptabel, wenn die Klammerausdrücke einbezogen werden.

(34) I hear John Winterbottom has been assigned to our group. - That's right.

(35) (That means) We've been given a difficult man to work with.

(36) (So) We'll be up against a difficult man to work with.

(37) (In that case) We'll be dealing with a difficult man to work with.

(38) We are stuck (,then,) with a difficult man to work with

(39) (In other words) A difficult man to work with has arrived on the scene.

Diese Ausdrücke weisen explizit darauf hin, daß der betreffende Satz nur im Zusammenhang mit einem oder mehr als einem Vorgängersatz zu interpretieren ist. In Ermangelung sonstiger Erkenntnisse darf hier geschlossen werden, daß John Winterbottom derjenige ist, der als <u>a</u> <u>difficult</u> <u>man</u> <u>to</u> <u>work</u> <u>with</u> charakterisiert wird. Dementsprechend ist auch (40) akzeptabel, und zwar ohne, aber erst recht mit <u>now</u>.

(40) (Now) That gives us (leaves us with) a difficult man to work with.

Erwartungsgemäß ist (41) dagegen allenfalls mit <u>now</u> akzeptabel.

(41) (Now) We have a difficult man to work with.

TOUGH OBJECTS können also auch dann als Subjekt, Objekt und Präpositionalausdruck erscheinen, wenn der betreffende Satz selbst keine Element-Menge-Relation einschließt. In diesem Fall muß allerdings eine (26b) und (26c) entsprechende Information durch den Satz selbst zusammen mit dem vorhergehenden Kontext eindeutig etabliert worden sein.

Die kontextuelle Etablierung einer Information entsprechend (26b) und (26c) ist zwar eine notwendige, aber keine zureichende Bedingung für die Akzeptabilität solcher Beispiele. Erforderlich ist nämlich außerdem, daß die Entsprechung von (7c) oder (26c) als dominant aufgefaßt werden kann. Dann ist gleichzeitig die Entsprechung von (7b) oder (26b) als nicht dominant interpretierbar. In den nachstehend aufgeführten Nachfolgersätzen von (34) ist die Information entsprechend (26b) und (26c) ebenso eindeutig etabliert wie in (35) - (40).

(42) *In other words, a difficult man to work with will be dining with us in future.

(43)*So we'll be arguing with a difficult man to work with.

(42) und (43) werden jedoch normalerweise als abweichend eingestuft. Im Gegensatz zu (35) - (40) kann hier ein Kommentar wie in (8) nicht der kontextuell übermittelten Information (26c) gelten. Diese ist also nicht dominant. In (42) und (43) kann jeweils nur der Gesamtsatz als dominant aufgefaßt werden. In (35) - (40) dagegen kann der betreffende Satz selber als nicht dominant verstanden werden. Erst dadurch wird die kontextuell übermittelte Information (26c) als dominant interpretierbar.

Wie läßt sich nun verhindern, daß in solchen Beispielen der Gesamtsatz als dominant aufgefaßt wird? Allgemein läßt sich sagen, daß ein Satz um so eher als dominant interpretiert wird, je spezifischer und informativer sein Prädikat ausfällt. Das zeigt auch der Vergleich der Nachfolgersätze von (44).

(44) I understand you have invited John Winterbottom to your house. - Yes, I have.

(45) *In other words, you'll be fraternising with a difficult man to work with.

(46) ?In other words, you'll be seeing a difficult man to work with.

(47) In other words, you'll be dealing with a difficult man to work with.

Die Wahrscheinlichkeit, die Information entsprechend (26c) als dominant aufzufassen, läßt sich dadurch erhöhen, daß TOUGH OBJECTS in den ihnen gesteckten Grenzen semantisch spezifischer gemacht werden. Eine Möglichkeit besteht darin, das Adjektiv durch Gradadverbien zu modifizieren. So ist z.B. (als Nachfolgersatz etwa zu (34)) der Satz (48) wesentlich akzeptabler als (49).

(48) ?In other words, they've told us to be nice to a very difficult man to work with.

(49) *In other words, they've told us to be nice to a difficult man to work with.

In Sätzen, die keine Element-Menge-Relation einschließen, ist ein Haupt- oder Kontrastakzent auf dem Prädikat oder Subjekt ausgeschlossen. In diesem Fall wäre nämlich der betreffende Satz selber als dominant ausgewiesen. Ein Haupt- oder Kontrastakzent muß auf die Eigenschaftsbezeichnung der TOUGH OBJECTS fallen. Diese Sätze sind um so akzeptabler, je geringer die Neigung ist, einen Haupt- oder Kontrastakzent anderweitig zu legen.

5. In diesem Beitrag wurden die wesentlichen Distributionsbeschränkungen von TOUGH OBJECTS erörtert. Sie hatten zu tun mit der lexikalischen Besetzung der betreffenden Konstituenten (3.1. - 3.2.) und der syntaktischen Funktion der Konstruktion (4.1. - 4.3.). In allen Fällen konnten die untersuchten Beschränkungen als Reflex der Semantik und Pragmatik von TOUGH OBJECTS erklärt werden. Dabei wurden zwei Annahmen BERMANs (1974) widerlegt. Die Nomen in TOUGH OBJECTS müssen nicht unbedingt inhaltsarm sein (3.1 - 3.2.). Außerdem sind TOUGH OBJECTS entgegen BERMANs Hauptthese nicht auf die Funktion des Prädikatsnomens festgelegt (4.1. - 4.3.). Das wichtigste Ergebnis dieser Untersuchung besteht wohl in der Erkenntnis, daß das Vorkommen von TOUGH OBJECTS außerhalb von Prädikatsnomen mit rein syntaktischen und streng semantischen Beschreibungsmitteln nicht mehr erfaßbar ist (4.3.).

Neben TOUGH OBJECTS behandelt BERMAN (1974) eine Reihe von Komparativkonstruktionen wie (50) und (51), die ebenfalls auf die Prädikatsnomenfunktion beschränkt sein sollen.[4]

(50) *I know too short a man to make the basketball team. (BERMAN 1974: 62)

(51) *I know a tall enough man to make the basketball team. (ibid.)

Auch diese Annahme dürfte in allen Fällen widerlegbar sein.[5]

Anmerkungen

1 Diese Untersuchung ist auf Adjektive der sogenannten tough-Klasse beschränkt, die in Konstruktionen der folgenden Art erscheinen können (vgl. u.a. KÖNIG 1971:85;BERMAN 1973:34):

To talk to him is difficult (for me).
It is difficult (for me) to talk to him.
He is difficult (for me) to talk to.

Die auch bei TOUGH OBJECTS möglichen Klammerausdrücke bleiben hier unberücksichtigt.

2 Man vergleiche dazu die in BERMAN (1974) und JONES (1983) erwähnte Literatur.

3 Hiermit fasse ich ein Bündel von Beschränkungen zusammen, die von BERMAN getrennt erwähnt werden.

4 Die gleiche Ansicht zu derartigen Konstruktionen, wenn auch in vorsichtiger Formulierung, vertreten QUIRK/GREENBAUM/

LEECH/SVARTVIK (1972: 250).

5 Entsprechendes gilt für einen Teil der in ROHDENBURG (1980) behandelten Konstruktionen.

Literatur

BERMAN, Arlene (1973): "A constraint on tough-movement". CORUM, Claudia/SMITH-STARK, T. Cedric/WEISER, Ann (eds.) (1973):Papers from the Ninth Regional Meeting, Chicago Linguistic Society: 34-43. Chicago.

BERMAN, Arlene (1974): Adjectives and adjective complement constructions in English (Formal Linguistics Report no. NSF-29). Cambridge/Mass.: Harvard University.

CHAFE, Wallace L. (1975): "Givenness, contrastiveness, definiteness, subjects, topics and point of view". LI, Charles N. (ed.) (1975): Subject and topic: 25 - 55. New York etc.: Academic Press.

ERTESCHIK-SHIR, Nomi/LAPPIN, Shalom (1979): "Dominance and the functional explanation of island phenomena". Theoretical Linguistics 6: 41-86.

BOLINGER, Dwight (1972): Degree words. The Hague: Mouton.

BOLINGER, Dwight (1977): Pronouns and repeated nouns. Bloomington, Ind.: Indiana University Linguistics Club (vervielf.).

HALLIDAY, M.A.K./HASAN, Ruquaia (1976): Cohesion in English. London: Longman.

KÖNIG, Ekkehard (1971): Adjectival constructions in English and German. A contrastive analysis. Heidelberg: Groos.

JONES, Michael A. (1983): "Getting 'tough' with Wh-movement". Journal of Linguistics 19: 129-159.

NANNI, Deborah L. (1980): "On the surface syntax of constructions with easy-type adjectives". Language 56: 568-581.

QUIRK, Randolph/GREENBAUM, Sidney/LEECH, Geoffrey/SVARTVIK,Jan (1972): A grammar of contemporary English. London:Longman.

ROHDENBURG, Günter (1980): "Some restricted types of adjective-noun constructions in English". WEIGAND, Edda/TSCHAUDER, Gerhard (eds.) (1980): Akten des 14. Linguistischen Kolloquiums. Bochum 1979. I: Perspektive:textintern: 169-183. Tübingen: Niemeyer.

AKZENTPRINZIPIEN DES DEUTSCHEN

Richard Wiese

1. Einleitung

Sprecher des Deutschen wissen, daß rasánt und rásend unterschiedlich betont werden; ebenso heißt es Décken aber Dekán oder den kranken Wärter aber den Kránkenwärter. Der Wort- und Phrasenakzent scheint im Deutschen auf variable Weise festgelegt zu sein, und zwar durch ein System genereller Regeln. Dies steht im Gegensatz zu Sprachen mit gleichförmig festgelegtem Akzent (Polnisch, Ungarisch) oder mit lexikalischem Akzent (Russisch). Verschiedenartige Bedingungen wirken in Sprachen wie dem Deutschen oder dem Englischen auf die Akzentverhältnisse ein, müssen also in den Regeln berücksichtigt werden. Dazu gehören mindestens der Silbenaufbau (Átlas vs. Ballást), die morphologisch-syntaktische Struktur (versúchen vs. verúnglücken; mißtráuen vs. Míßtrauen) und rhythmische Gestalten (Präferenz für alternierende Rhythmen).

Die Annahme, daß Akzente durch Regeln zugewiesen werden, impliziert auch, daß Betonungsmuster mehr sind als phonetisch mit dem Wortmaterial verbundene Hervorhebungen. Regelgeleitete Muster sind abstrakterer Natur. Ein Argument für die relative Abstraktheit von solchen Akzentregeln läßt sich auch aus den Versprecherstudien entnehmen. In Vertauschungen von Worten oder Wortstämmen zeigt sich, daß die intendierten Phrasenakzentmuster erhalten bleiben, d. h., daß die Akzente nicht mit den Segmenten der Lexeme bewegt werden (vgl. FROMKIN 1973, S. 232):

(1) he's been $\overset{2}{\text{around}}$ a $\overset{3}{\text{long}}$ $\overset{1}{\text{time}}$ $\longrightarrow$ he's been $\overset{2}{\text{long}}$ $\overset{3}{\text{around}}$ $\overset{1}{\text{time}}$

Nur wenn die Wortvertauschungen so stattfinden, daß die Betonungsmuster relativ unabhängig repräsentiert sind, sind Versprecher dieses Typs zu erwarten. Eine Analyse von Betonungsmuster als Ausdruck abstrakter Repräsentationen scheint damit zumindest statthaft zu sein.

Ziel einer Theorie des Akzents kann es unter diesen Voraussetzungen nur sein, ein möglichst restriktives Regelsystem zur adäquaten Beschreibung der Akzentmuster zu finden. Es scheint mir weiter angemessen zu sein, zunächst den Normalakzent von Worten und Phrasen zu beschreiben. Kontrastiver oder emphatischer Akzent ist in realen Äußerungen wichtig und häufig; er ist aber nur auf dem Hintergrund des unmarkierten Normalakzents zu verstehen (siehe auch WURZEL 1980, S. 312).

2. Segmentale Modelle

Bisherige Versuche zur Beschreibung der Regularitäten des deutschen Wortakzents in einem expliziten Regelsystem (siehe KIPARSKY 1966; WURZEL 1970, 1980) folgen dem Modell von CHOMSKY und HALLE (1968). Im sogenannten SPE-System erweist sich jedoch gerade die Behandlung prosodischer Phänomene als problematisch, da die Repräsentationen aus nichts anderem als aus linear angeordneten Segmenten und dazwischenstehenden Grenzsymbolen besteht. Phänomene wie Akzent und Intonation sind jedoch schon unter einer ersten Betrachtung eher Relationen zwischen größeren Einheiten. Dieser Grundtatbestand läßt sich in der SPE-Notation nicht auf einfache und überzeugende Weise ausdrücken. Daher sind CHOMSKY und HALLE (wie die anderen genannten Autoren) gezwungen, Akzentunterschiede in einer segmentalen Notation auszudrücken. Dies führt zu Angaben wie den folgenden für die oben angedeuteten Wortakzente:

(2) r$\overset{2}{\text{a}}$s$\overset{1}{\text{a}}$nt, r$\overset{1}{\text{a}}$s$\overset{0}{\text{e}}$nd, d$\overset{3}{\text{e}}$n kr$\overset{2}{\text{a}}$nk$\overset{0}{\text{e}}$n W$\overset{1}{\text{ä}}$rt$\overset{0}{\text{e}}$r, d$\overset{3}{\text{e}}$n Kr$\overset{1}{\text{a}}$nk$\overset{0}{\text{e}}$nw$\overset{2}{\text{ä}}$rt$\overset{0}{\text{e}}$r

(Akzente steigen von 1 bis n ab; 0 bezeichnet völlig unbetonte Vokale und damit Silben.)

Die Probleme, die mit dieser Notation verbunden sind, werden von LIBERMAN und PRINCE (1977), van der HULST und SMITH (1982) und GIEGERICH (1983) ausführlich dargestellt. Es seien nur zwei Probleme aufgeführt:

In vielen Fällen sind Überspezifizierungen unvermeidlich. So gibt WURZEL folgende Akzentmuster für dreisilbige Wörter an:

(3) p$\overset{2}{\text{o}}$st$\overset{1}{\text{a}}$l$\overset{3}{\text{i}}$sch, T$\overset{2}{\text{o}}$rn$\overset{1}{\text{a}}$d$\overset{2}{\text{o}}$, g$\overset{2}{\text{a}}$st$\overset{1}{\text{ie}}$r$\overset{0}{\text{e}}$n

Die Unterschiede zwischen diesen Worten sind einfach eine kaum vermeidbare Konsequenz aus der Regelanwendung, die weder phonetisch noch phonologisch motiviert ist.

Ein weiteres Problem liegt in der Mißachtung hierarchischer Beziehungen. Bei Vorliegen eines Kompositums der Form [A B] möchten wir z. B. sagen, daß A gegenüber B betont wird, und das unabhängig von der Komplexität von A. Im SPE-Modell läßt sich dieser Sachverhalt nicht direkt darstellen. Es müssen immer die akzenttragenden Segmente (meist Vokale) gesucht werden. Daraus ergeben sich relativ komplexe und un-intuitive Regeln im Vergleich zur im nächsten Abschnitt vorgestellten Theorie. (Man vergleiche etwa die Formulierungen der Komposita- und Phrasenregeln bei LIBER MAN und PRINCE (1977, S. 252ff).

3. Metrische Phonologie

Die Theorie der Metrischen Phonologie ermöglicht es, Akzentunterschiede als Hervorhebungsrelationen zwischen beliebigen Einheiten auszudrücken. Im Folgenden bezeichnet die Einheit, die von "s" (strong) dominiert wird, das hervorgehobene Argument und die von "w" (weak) dominierte Einheit das schwächere Argument der Relation. Einige Akzentrepräsentationen sind damit:

(4)

(5)

(6)

Beispiel (6) zeigt, daß die s/w-Relationen auch hierarchisch aufgebaut werden können. Im Gegensatz zum SPE-Modell nehmen wir dabei an, daß Kranken gegenüber wärter stark betont ist, völlig unabhängig davon, wie diese Worte intern strukturiert sind.

Alle s-Knoten plus der ihnen folgenden w-Knoten kann man sich auch als einen "Fuß" vorstellen. (Insofern expliziert Metrische Phonologie klassische Begriffe der Metrik.) Mit LIBERMAN und PRINCE (1977) und anderen nehme ich im Folgenden an, daß die s/w-Relationen immer binär sind. Daraus ergeben sich folgende Strukturen für mehrsilbige Wörter:

(7)

(8)

Ein Fuß muß immer aus mehreren Teilen bestehen, und ein einsilbiges Wort hat für sich genommen keine Akzentrelationen. Daher führt GIEGERICH die Nullsilbe (∅) ein. Zusammen mit der Festlegung, daß jedes Wort auf der untersten Ebene mindestens eine s⌒w-Struktur enthalten muß, ergibt sich damit für endbetonte und für einsilbige Wörter folgendes:

(9)

(10)

(11)

(12)

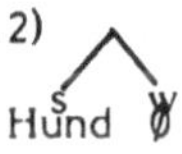

Weitere Argumente für diese Nullsilben findet GIEGERICH im Verhalten von Flexionsendungen. So lassen endbetonte Adjektive ein -e zu, wenn sie prädikativ gebraucht werden und auf einen stimmhaften Obstruenten enden. Es zeigt sich nun, daß diese Endung nur da auftreten kann, wo in der metrischen Struktur eine Nullsilbe vorgesehen ist. Man vergleiche leise, blöde und feige mit *blendende und *traurige. (Prädikatsadjektive wie *rote oder *dumme sind nicht möglich, weil sie nicht auf einen stimmhaften Obstruenten enden.)

Jedes Wort scheint in Sprachen wie dem Deutschen eine und nur eine am stärksten hervorgehobene Silbe zu besitzen. Diese Silbe ist, darin stimmen alle vorliegenden Analysen überein, eine der drei letzten Silben des Wortes. Unabhängig von ihrer exakten Ausarbeitung läßt sich die Regel für die Festlegung des Primärakzents so formulieren:

(13) Der Primärakzent liegt auf der letzten schweren Silbe eines Wortes.

In den metrischen Bäumen ist sicherzustellen, daß die so ausgezeichnete Silbe nur von s-Knoten dominiert wird. Die bisher aufgeführten Strukturen erfüllen diese Bedingung.

Ein weiteres entscheidendes Prinzip für die Zuordnung der s/w-Relationen scheint das folgende zu sein:

(14) In einer lexikalischen Kategorie C ist in $[_{C}\ A\ \ B\ _{C}]$ B genau dann stark, wenn B sich auf der gleichen prosodischen Ebene verzweigt.

Bemerkenswerterweise gilt dieses Prinzip für die Hervorhebungsrelationen innerhalb monomorphemischer Worte ebenso wie für Komposita.

So ergibt sich die unterschiedliche Akzentuierung von (4) und (9) (bei Vorhandensein der Nullsilbe in (9)) automatisch, ebenso die von (10) und (11). In (6) ist wärter (auf der Wortebene, siehe unten) nicht verzweigt, daher liegt der Kompositaakzent auf dem ersten Teil. Anders ist dies in den Fällen (15) und (16):

(15)

(16)

(17)

(In allen diesen Analysen wurde die interne Struktur der Worte vernachlässigt.) Dreiteilige Komposita können von der Form [[A B] C] oder [A [B C]] sein. Im ersteren Fall (Beispiel (17)) sagt die Regel (14) den Akzent auf [A B] (und darin auf A) voraus, im letzteren Fall (Beispiele (15) und (16)) den Akzent auf [B C] und darin wieder auf B. Diese Voraussagen scheinen den Fakten zu entsprechen, auch wenn es Gegenbeispiele gibt, wie etwa in [Ober[bürgermeister]]. GIEGERICH folgend will ich annehmen, daß die semantische Transparenz für diesen Unterschied verantwortlich ist. Spartag und Bauamt werden danach als zwei "Wörter" analysiert, Bürgermeister dagegen nicht. Formal wird dieser Sachverhalt dadurch ausgedrückt, daß jedes "Wort" in der metrischen Struktur von einem Knoten M dominiert wird. Die vollständige Beschreibung der beiden Kompositatypen lautet dann:

(16a)

(18)
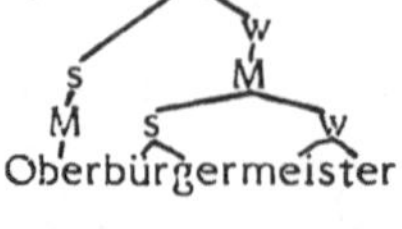

Hier wird die in der Hervorhebungsregel vorgenommene Einschränkung "auf der gleichen prosodischen Ebene" relevant. In (16a) haben wir eine Verzweigung oberhalb von M, in (18) nicht, M (für "mot", phonologisches Wort) dient vor allem dazu, diese prosodischen Ebenen voneinander zu trennen.

Die Hervorhebungsregel hat drei, voneinander völlig unabhängige, Anwendungsdomänen:

1. Sie regelt die Akzentverhältnisse in Komposita und erklärt wie oben demonstriert die unterschiedlichen Primärakzente in Komposita der Form [A[BC]] und [[A B] C].

2. In mehrsilbigen, aber monomorphemischen Wörtern entscheidet sie ebenfalls über die Hervorhebungsrelationen zwischen den Silben und Füßen (siehe (7) bis (12)). Dies geschieht allerdings im Zusammenspiel mit anderen Prinzipien wie der Hauptbetonungsregel (13).

3. Innerhalb der Silben gibt es schließlich ebenfalls eine prosodische Struktur, deren s/w-Relationen sich durch die Hervorhebungsregel ergeben. In Anlehnung an Analysen von KIPARSKY (1979) und SELKIRK (1980) will ich annehmen, daß Silben eine interne Struktur besitzen, die über die lineare Anordnung von Segmenten hinausgeht. Eine Silbe besteht danach zunächst aus dem Anlaut und dem Reim. Für diese Gliederung spricht sowohl die Existenz des Reims als einer Kategorie in der Versdichtung, als auch das Vorliegen phonotaktischer Beschränkungen innerhalb des Anlauts und innerhalb des Reims, kaum aber zwischen diesen Teilen. Der Reim ist weiter zu unterteilen in einen Kern und eine Koda. Diese Teile nehmen deutlich unterschiedliche Segmente auf. Der Kern ist außerdem der einzige obligatorische Teil der Silbe. Insgesamt ergibt sich damit die Struktur (19) für die Silbe (σ).

(19)

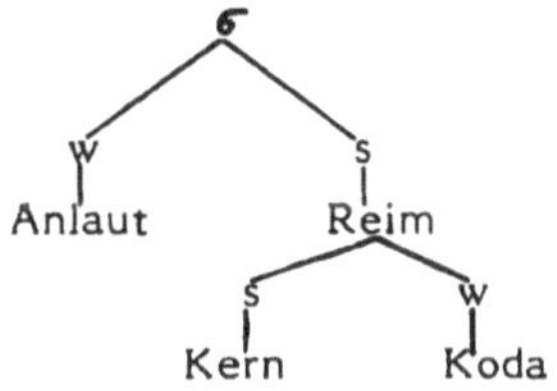

Die Verteilung der s/w-Relationen in diesem Baum ergibt sich aus der Hervorhebungsregel (13) und entspricht außerdem den phonetischen Fakten, wenn auch in einem etwas anderen Sinne als auf der Akzentebene. Der Silbenkern besitzt aufgrund der höheren Sonorität vokalischer Elemente aber eine größere Schallfülle als die umgebenden Elemente und ist in diesem Sinne hervorgehoben.

Möglicherweise kann die Silbe noch differenzierter analysiert werden als ich dies in (19) getan habe. Es ist jedoch auffällig, daß bei den tieferen Verzweigungen erstens die Vorschläge von KIPARSKY und SELKIRK nicht mehr identisch sind und zweitens nicht alle s/w-Relationen von der Hervorhebungsregel vorhergesagt werden. Ich nehme daher an, daß die Struktur (19) die niedrigste Ebene der prosodischen Struktur darstellt. Anlaut, Kern und Koda können in Segmente verzweigen, die sich nach den (weitaus besser analysierten) Prinzipien der segmentalen Phonologie verhalten.

Die drei angesprochenen Domänen ergeben sich durch Einführung zweier prosodischer Kategorien, die des phonologischen Wortes (M) und der Silbe (σ). Fall 1 bezieht sich auf die Akzentverhältnisse oberhalb von Einheiten der Kategorie M, Fall 2 auf die zwischen M und σ und 3 auf die unterhalb von σ.

Die Hervorhebungsregel erweist sich damit als außerordentlich generell. Wir haben Evidenz für sie in den wichtigsten Bereichen prosodischer Phänomene gefunden.

Der Phrasenakzent unterliegt natürlich in besonderer Weise den Einflüssen von Faktoren wie Fokus, Thema/Rhema-Gliederung oder Emphase. Unter der Voraussetzung, daß es auch auf dieser Ebene einen unmarkierten Akzent gibt, kann man aber versuchen, für Phrasen eine Akzentregel zu finden. In den existierenden metrischen Modellen lautet die Regel für den Phrasenakzent etwa:

(20) In einer Phrase C ist in $[_C$ A B $_C]$ B stark.

Dieses Prinzip ergibt Analysen wie:

(21)

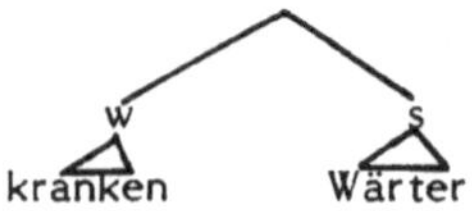

(22)

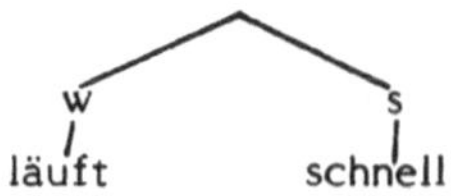

(23)

Ebenso wie der Kompositaakzent folgt damit der Phrasenakzent grundsätzlich der syntaktischen Struktur, allerdings unabhängig von den spezifischen Kategorien und Relationen. Möglicherweise ist auch der Einfluß der Satzintonation nicht genügend vom eigentlichen Phrasenakzent getrennt worden. Der Einfachheit halber nehme ich hier an, daß die Phrasenakzentregel gilt wie sie in (20) formuliert wurde.

Der aufmerksame Leser hat vielleicht bemerkt, daß die Endbetonung in rasánt (siehe (9)) und die Erstbetonung in rásend (siehe (4)) von den bisher besprochenen Regeln nicht erklärt werden. GIEGERICH postuliert für diese Fälle, daß bestimmte Suffixe, die in etwa den nichtnativen Suffixen entsprechen, vor der Akzentzuweisung an das Wort oder den Stamm hinzugefügt werden. Endungen wie -at in (11) oder -ant in (9) werden damit von der Hauptbetonungsregel erfaßt und erhalten den Primärakzent. Hieraus erklärt sich, daß die Akzentmuster in Wörtern wie Dekán und Dekanát ((10) und (11)) völlig verschieden aussehen. In rásend wird hingegen das Suffix an den bereits mit einem Akzentmuster versehenen Verbstamm angehängt. -end gehört zu der Klasse der nativen Suffixe, die nach GIEGERICHs Modell grundsätzlich nach der Akzentzuweisung angehängt werden. Tatsächlich können sie niemals bestehende Akzentmuster verändern. Dies schließt nicht aus, daß diese Suffixe selber metrische Struktur besitzen. Suffixe, die schwere Silben konstituieren, haben die Struktur (24), während "leichte" Suffixe nur von einem w-Knoten dominiert werden. Das Wort rasend ist nach dieser Analyse also wie in (4a) zu repräsentieren.

(24)

(4a)

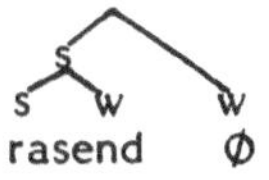

Auf dem knappen Raum hier konnten keineswegs alle Betonungsphänomene des Deutschen dargestellt werden; man denke nur an Akzentwechsel wie in steínreích und der steínreíche Mann. Im einzelnen werden viele der hier, vor allem in Anlehnung an GIEGERICH (1983), vorgetragenen Hypothesen zu revidieren sein. Es geht vielmehr darum zu zeigen, daß unter Verwendung von erweiterten Repräsentationen im Bereich der Phonologie grundlegende Gesetzmäßigkeiten adäquater und einfacher zu erfassen sind.

4. Markierte Strukturen

Der vielleicht entscheidende Unterschied zwischen klassischen generativen Modellen und metrischen Modellen ist in letzteren die Möglichkeit, größere Einheiten direkt zu repräsentieren und mit Akzentmarkierungen zu versehen. Eine Reihe von Akzentphänomenen werden gerade durch diese Möglichkeit leichter beschreibbar. Dies sind Phänomene, die zunächst einmal als Ausnahmen von den (angenommenen) allgemeinen Regeln des Wort-, Komposita- und Phrasenakzentes erscheinen. Sie sind jedoch ohne wesentliche Zusatzannahmen und ohne komplizierte Regeln beschreibbar. Entscheidend ist dabei immer der direkte Bezug auf "größere" phonologische Einheiten. Diese wiederum können morphologisch-syntaktischen Einheiten entsprechen oder auch nicht.

Eine Gruppe von Komposita scheint den oben aufgestellten Regeln zu widersprechen. Man betrachte etwa:

(25) [[Dreigróschen oper], [[Altwéiber] sommer], [[Allpartéien] regierung]

(26) schaurig-schőn, Lebewóhl, Vaterúnser

(27) Táugenichts, Rǘhrmichnichtan

Die Beispiele unter (25) sollten nach der Hervorhebungsregel Anfangsakzent besitzen, ebenso die unter (26). Dreigroschen, Altweiber und Allparteien existieren jedoch für sich genommen nicht als Komposita, wohl aber als Phrasen. In ähnlicher Weise stehen die Ausdrücke unter (26) zur Phrasen in einer engen Beziehung. Lebewohl und Vaterunser werden deshalb als Zusammenrückungen bezeichnet, schaurig-schön (ebenso wie Vater-Sohn-Beziehung oder blaugrün als koordinative Komposita. Aufgrund ihrer "Nähe" zu Phrasen (ich möchte nicht entscheiden, ob es sich dabei um eine Ableitungsbeziehung handelt) sind diese Ausdrücke offenbar so markiert, daß sie für die Phrasen- und nicht für die Kompositaregel zugänglich sind. Wie generell dieses Prinzip ist, zeigen die als Zusammenrückungen gebildeten Präpositionen infolge, anstatt, zugunsten, usw. Alle diese Ausdrücke behalten den Akzent der ihnen entsprechenden Phrase bei. Die Wörter unter (27) zeigen, daß die Bewahrung des Phrasenstatus offenbar nicht obligatorisch gilt.

Entscheidend ist, daß man für die Behandlung dieser Ausdrücke zu den aufgestellten Akzentprinzipien nichts hinzufügen oder verändern muß. Nur die Kennzeichnung einiger - morphologisch ebenfalls markierter - Komposita für eine andere aber ähnliche Regel ist erforderlich. Es wird außerdem deutlich, daß der Bezug auf größere Einheiten, in diesem Fall die durch die Morphosyntax bestimmten Konstituenten von Komposita, für die einfache Behandlung dieser Ausdrücke entscheidend ist.

5. Zur Phonologie von Klitika

In der deutschen Umgangssprache ist die klitische Behandlung bestimmter Ausdrücke gebräuchlich. So finden wir - in starker dialektaler Variation - Formen wie glaubste, findetse, sieht's, 'ne Tasse. Solche Enklise- und Prokliseformen sind register- und dialektabhängig und unterliegen einer Reihe von syntaktischen, lexikalischen und phonologischen Bedingungen, auf die ich hier hier nicht eingehen kann. Die phonologische Repräsentation für Ausgangsform und Ergebnis der Klitisierung scheint mir jedoch einfach, einheitlich und metrisch bestimmt zu sein.

In Abschnitt 3 wurde festgestellt, daß terminale w-Knoten mit ihren korrespondierenden s-Knoten einen metrischen Fuß bilden. Die Zahl solcher Füße ist beschränkt, möglicherweise reduziert sie sich auf die folgenden:

(28)

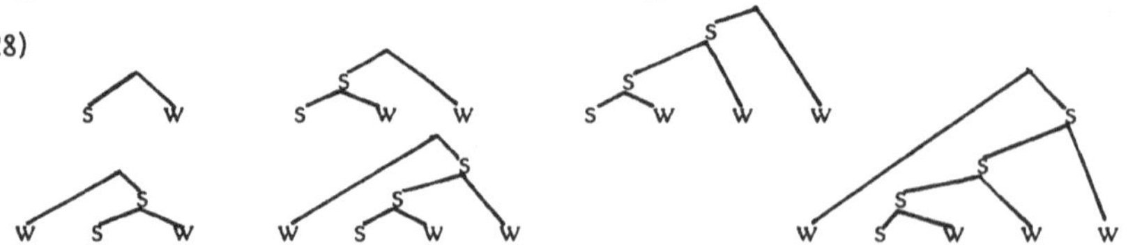

Bei mehr als einem w-Knoten vor dem terminalen s-Knoten oder bei mehr als drei rechten w-Knoten wird ein neuer Fuß gebildet.

Wir können nun annehmen, daß etwa bei Personalpronomen eine s/w-Struktur und damit ein Fuß gebildet wird, wenn sie in der Vollform vorliegen. Der Fuß wird damit eine weitere prosodische Kategorie in dem hier entwickelten System, allerdings eine, die mit Hilfe der s/w-Relationen definiert werden kann. (Füße werden im folgenden mit 'ϕ' bezeichnet.

(29) 

(30) 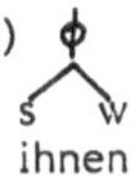

Enklitische Personalpronomen sind aber als reduzierte Formen völlig unbetont. Sie bilden daher auch keinen Fuß mehr, sondern werden Teil des vorangehenden Fußes. Dabei ist es immer der von w dominierte Fuß, der getilgt wird. Für einen Ausdruck wie findet sie ergibt sich dann folgende Analyse:

(31)

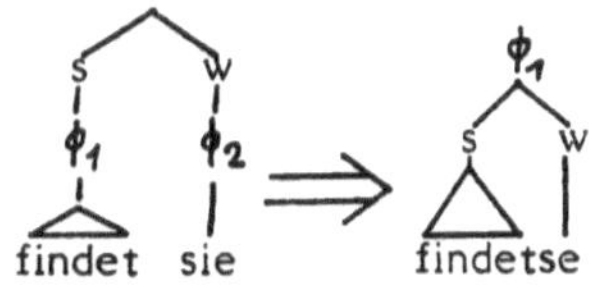

Die Strukturangaben enthalten nur die Elemente, die für Klitisierung generell gültig zu sein scheinen. Klitische Formen wie sieht's zeigen, daß auch die von w dominierte Silbe verschwinden kann.

Es ist wichtig zu betonen, daß es außer den metrischen auch noch andere Bedingungen für die Klitisierung gibt. So erscheinen Personalpronomen (in manchen Dialekten) nur enklitisch, nicht aber proklitisch. Der unbestimmte Artikel wird dagegen auch proklitisch gebraucht ('ne Tasse Kaffee, 'n Mann). Da proklitische Elemente von mehr als einer Silbe Länge offenbar nicht vorkommen, passen sie ohne weiteres in die oben angegebenen Fußmuster. Die Klitisierung folgt im übrigen nicht der syntaktischen Konstituentenstruktur, sondern der prosodischen, wie die Sätze (32) und (33) zeigen.

(32) Glaubste an den Weihnachtsmann?
(33) Findest du's gut?

Weder Verb plus Subjektspersonalpronomen in (32) noch Subjekts- plus Objektspersonalpronomen in (33) bilden zusammen eine syntaktische Konstituente. Die Verteilung der Phrasenakzente in (teilweiser) Unabhängigkeit von der syntaktischen Struktur erscheint damit als ein neues ungelöstes Problem.

Wie für die Kompositaakzente gilt auch für die Klitika, daß der Bezug auf hierarchisch höherer (in diesem Fall nicht syntaktisch gebundene) Einheiten eine einfache einheitliche Behandlung der Akzentphänomene ermöglicht. Dies zu demonstrieren, war das Hauptziel dieses Beitrags.

6. Literatur

CHOMSKY, Noam A. / HALLE, Morris (1968): The Sound Pattern of English. New York: Harper and Row.

FROMKIN, Victoria A. (1973): "The non-anomalous nature of anomalous utterances". FROMKIN, Victoria A. (ed.): Speech Errors as Linguistic Evidence. The Hague: Mouton: 215-242.

GIEGERICH, Heinz Joachim (1983): Studies in Metrical Phonology. German and English. Ph D dissertation, University of Edinburgh.

HULST, Harry van der / SMITH, Norval (1982): "Autosegmental and metrical phonology". HULST, Harry van der /SMITH, Norval (ed.): The Structure of Phonological Representations. Part I. Dordrecht: Foris: 1-45.

KIPARSKY, Paul (1966) "Über den deutschen Akzent". Studia Grammatica 7: 69-98.

KIPARSKY, Paul (1979) "Metrical structure assignment is cyclic". Linguistic Inquiry 10: 421-441.

LIBERMAN, Mark /PRINCE, Alan (1977) "On stress and linguistic rhythm". Linguistic Inquiry 8: 253-263.

SELKIRK, Elisabeth O. (1980) "The role of prosodic categories in English word stress." Linguistic Inquiry 11: 563-605.

WURZEL, Wolfgang U. (1970) "Der Fremdwortakzent im Deutschen". Linguistics 56: 87-108.

WURZEL, Wolfgang U. (1980) "Der deutsche Wortakzent: Fakten - Regeln - Prinzipien. Ein Beitrag zu einer natürlichen Akzenttheorie". Zeitschrift für Germanistik 3: 299-318.

TEXT-CONSTITUTIVE CONNECTIVE RELATIONS AND THEIR MANIFESTATION

Käthi Dorfmüller-Karpusa

"Σύνδεσμός ἐστι φωνὴ ἄσημος" Aristotle claims in "Poetics", i.e. the conjunction is a word without meaning. Whether conjunctions do not have a meaning indeed, or whether they have a special kind of meaning, is a topic still open to discussion. Although the Stoics and later Dionysius Thrax already counted the conjunctions to the parts of speech, these did not find sufficient consideration in traditional grammars. This omission of the grammarians was corrected in the late Middle Ages and in the eighteenth century in rhetorics, where the role of the conjunctions is treated within the frame of the topic 'compositio'. In 1792 U. Domergue writes in his "Théorie de la proposition": "Pour moi, je vois dans 'et', 'mais', 'car' et d' autres mots semblables, non un membre de proposition, mais une proposition entière, une proposition implicite, qu' on peut rendre par une proposition dévelopée. ET signifie j' ajoute ceci; MAIS, je me rétracte en partie; CAR, je motive mon assertion." (BIASCI 1982).

Thus, I want to show that the view according to which connectives are 'propositions' is not a neologism. A deeper study of connectives, on the other hand, is seriously hampered by the fact that the relations designated by connectives depend upon the semantics of their connects (BRAUSSE 1983, FRITSCHE 1983).

In saying this, I want to stress that these 'synsemantica' raise a number of more complicated problems, as compared to the logical connectives, to which unique, well-defined meanings are assigned. Actually the arguments of the latter are such abstract entities that their sole property of being 'true' or 'false' serves only the purpose of establishing unique logical operations.

However, considering the multidimensionality of our world, as viewed through the human concept system, one can imagine how complex the description of even the simplest world fragment is. The reason for this complexity is that such a description embraces the perceptions, inferences opinions, convictions, and generally the so-called accessibility relations by means of which the speaker via his knowledge of the world gains access to the states of affairs described by him. This complexity is additionally enriched by one more constituent: The intention of the speaker to organise his text/speech-act in such a way, as to achieve a particular goal with respect to the attitude of his hearer.

On the basis of his 'conversational hypothesis' H.P. Grice explains the apparent deviation of the natural language connectives from the corresponding logical connectives introducing a number of conversational presuppositions (GRICE 1968). This point of view is reversed by L.J. Cohen, who stresses the basic difference between logical and natural language connectives (COHEN 1971). Both positions attempt to rationalize with maximal conceptual economy the evident discrepancy between expressions like 'not', 'if ... then', 'and', 'or' and the corresponding logical connectives.

Considering the primary intention of the speaker, who organizes his text in view of achieving a particular aim, and less of communicating with his partner, one could replace the 'cooperativity principle' by a principle which I would call the 'egocentric principle'. According to this principle, the speaker aims at modifying some attitude of the hearer by furnishing such information as he believes to be appropriate for this purpose. This may sound cynical, but it takes into account the reality of communication.

We must generally distinguish between mental processes/states which process states of affairs of the world, and others which serve to organize our utterances in view of a particular goal. The first class includes apperceptions and, in connection with our world knowledge, our assumptions, inferences, opinions, convictions and others. These serve in processing the so-called 'real world' in a similar way as our 'afferent' nervous system handles external stimuli. The second class includes those mental processes/states which, in a similar way as our 'efferent' nervous system, are dominated by the intention of the speaker to organize his text/speech-act in the most appropriate way in view of achieving his goal.

Connective relations of the second kind are localized by M. Bierwisch at what he calls the 'interaction' level (BIERWISCH 1978). In connection with this, van Dijk uses the term 'pragmatic connectives', whereas J.S. Petöfi localizes these connective relations and their manifestations at the highest, the so-called 'performative-modal' level in his hierarchical representation (DIJK van 1977, PETÖFI 1976).

Before speaking about the connective relations and their localization on different levels, let me give a list of the means which are used in some natural languages to express connective relations:

(a) All conjunctions, but also some particles, adverbs, and complex expressions like 'for this reason...', '...hence, it follows ...' etc.

(b) The punctuation which does not only indicate breathing or thinking pauses, but signalizes connective relations whose interpretation is left to our cotext/context knowledge. Under this aspect one could say that connective expressions are a particular luxury of the language. They facilitate and accelerate the understanding of connective relations and help us to avoid misinterpretations.

(c) Non-attributive relative clauses.

(d) The participial construction.

(e) The description of states of affairs to be connected by means of the subjunctive mode.

The following sentences demonstrate the use of all five constructions for a causal relation:

(1a) Die F.D.P. hat die Wahlen in Hessen verloren, weil sie einen Fehler begangen hat.

(1b) Die F.D.P. hat die Wahlen in Hessen verloren. Sie hat einen Fehler begangen.

(1c) Die F.D.P., die einen Fehler begangen hat, hat die Wahlen in Hessen verloren.

(1d) Einen Fehler begehend, hat die F.D.P. die Wahlen in Hessen verloren.

(1e) Hätte die F.D.P. keinen Fehler begangen, hätte sie die Wahlen in Hessen nicht verloren.

Other expressions which contain connective relations are:
(f) Some modifiers of predicates, i.e. adverbs and adjectives such as the complex expressions:

(2) die ordinäre Schönheit
(3) sich zwecklos opfern.

(g) Some predicates which express more than a single relation as, for example:

(4) behaupten (I say, <u>because</u> I am convinced)
(5) gestehen (I say, <u>although</u> I do not like doing so)
(6) befehlen (I say, <u>in order</u> to force you)

Considering, as mentioned above, the multidimensionality of a world fragment, enriched by the mental processes/states, i.e. the accessibility relations of the speaker to it, as well as his communicative goal, we must assume that a number of extralinguistic correlates on various levels can be assigned to the text, in order to obtain an adequate interpretation.

In the first place, without implying any precise hierarchical ordering, we have a level on which the hearer/interpreter attempts to assign, also with the aid of implicitly or explicitly manifested connective relations, a continuum to the text. This is the level of the states of affairs described. The following examples demonstrate connective relations on this level:

(7) Peleus <u>und</u> Thetis heiraten.
(8) Romeo <u>und</u> Julia bilden ein Liebespaar.

The connection is in both examples inherent to the states of affairs 'heiraten' and 'bilden ein Liebespaar'. Thus, the connective relation in (7) can be expressed also without the use of a connective expression:

(7a) Peleus heiratet Thetis.

The attempt to paraphrase the second example in a similar way poses a problem:

(8a) Romeo liebt Julia <u>und</u> Julia liebt Romeo.

The asymmetry of the state of affairs 'lieben' forces us to describe the state of affairs 'bilden ein Liebespaar' by means of two complementary clauses connected by 'und'. One could well imagine a natural language in which the relation expressed in (8) and (8a) could be described by a symmetric verb. To what degree this problem is language-specific, can be illustrated by the verbs 'ducere' and 'nubere' in Latin as well as 'γαμεῖν' and ' ὑπανδρεύεσθαι ' in Greek. In both of these languages the verb specifies and differenciates the role of each argument in the relation, which in English is expressed by 'to marry'. So, (8a) could read as follows:

(8b) Romeo liebt* Julia,

Here 'lieben*' expresses the reciprocal love of two persons in a potential language.

However, the connective relations on the level of the described states of affairs of the external world, the arguments of which are objects or persons, do not occur very often and do not pose serious problems. The infrequent occurrence of such connectives is due to the fact that the existence of things and states of affairs does generally not imply any connection between them. Such connections are, so to speak, reserved to the human mind which organizes the world within the frame of its own conceptual system.

This organization process consists essentially in creating connections. What we actually connect are states of affairs of the external world; however, we do this via the necessary detour of our accessibility relations. This is demonstrated in the following example:

(9) Die Bielefelder Universität ist häßlich, <u>aber</u>
sie ist funktional.

At first glance, it appears as though the two states of affairs 'häßlich sein' and 'functional sein' were directly connected by the connective relation 'aber'. However, this relation has been established by the speaker between the accessibility relations to the two states of affairs, i.e. between his perception of the ugliness and his experience of the functionality. The text in a completed form would then read:

(9a) Ich sehe, daß die Bielefelder Universität häßlich ist, aber ich mache die Erfahrung, daß sie funktional ist.

I do not want to go here into further details of the analysis of the 'aber' relation (See Dorfmüller-Karpusa 1977, 1978, 1981).

It would be very interesting to study the compatibility of the accessibility relations with the connective relations. More generally, this means that we have to ask ourselves, how the organization of the perceived, assumed, imagined, etc. world proceeds in such a way as to énable us to build our individual world knowledge and to use it adequately. Thus, it is obvious, for example, that the accessibility relation of the speaker to the second argument of a causal relation, i.e. to the effect of a cause is his conclusion (See RUDOLPH 1981). In a similar way, one can see that in a 'if ... then' relation the accessibility relation by which the speaker gains access to the first argument is his assumption, whereas the second argument is approximated by his conjecture.

These examples illustrate that the connective relations are contained in some accessibility relations. This is the reason why even if they are expressed by the indifferent connective 'and' or the asyndeton, they can be interpreted.

I do not want to give the impression that by labelling the accessibility relations as 'assume', 'conclude', etc. they can be simply and uniquely classified. What we call 'accessibility' are complex mental processes/states about which very little is known. We use these concepts for the sake of a simplified description of the psychological background of text production and processing.

In the sense of human communication, it is generally much more important for the hearer to grasp the links on the level of the mental processes/states of the speaker, than to get the information about the described states of affairs, which often are known to him anyway. The information about such links will be of the utmost importance, for example, to the psychologist/psychoanalyst, because he might thus gain access to his patient who connects the states of affairs he describes by means of his own personal and sometimes deviant filter. In such cases, the psychologist is faced with abnormally connected utterances, either because, to his feeling, the arguments should not be connected, or because they are connected with an apparently inadequate connective. By his interpretation he attempts to gain access to the associations which have led his patient to make this particular connection. Taking into account this psychological background, we come to a more elastic view of the acceptability criteria of utterances or texts.

The distinction between the connective relation, as expressed in example (9), and relations which are formed in view of the communicative goal of the speaker is illustrated in the following example:

(10) Sie behaupteten, sie fuhren, um die schöne Helena
zurückzubringen, die der junge Prinz von Troja,
Paris, entführt hatte.
Die Wahrheit <u>jedoch</u> ist, daß sie neue Länder
erobern und reicher werden wollten.

We, first, notice that the connective relation, essentially an adversative relation, connects two units more complex than in example (9). Secondly, and perhaps more importantly, we notice that the function of this relation is different. Here, the speaker expresses a relation with the aim to convince the hearer that the first argument, i.e. the <u>assertion</u> of the Greeks that they conducted the Trojan war for the sake of Helena is not true, on the contrary, the speaker's <u>assertion</u> is true that they wanted to enrich themselves. Using this connective, the speaker makes a strong argument in favour of his conviction. Thus, the function of this connective is essentially argumentative.

Another representative example from the literature is (GIULIANI 1974):

(11) Ma sei matto?

The first argument of this connective relation results from the communicative situation. It is evident that here the function of 'Ma' can only be understood in view of the communicative goal of the speaker, i.e. to correct the shocking behaviour of the communication partner.

Since, for reasons of space, it is difficult to give here examples containing connective relations between longer text units, I restrict myself to a short, but illustrative example of a macroconnective relation, the title of W. Keller's well known book (KELLER 1958):

(12) Und die Bibel hat doch recht.

The first argument of this macroconnective relation is omitted, being contained in our common knowledge. Actually, this first argument of the adversative relation ('Und doch') subsumes the theological discussion of several centuries about the truth of the bible.

In this connection, it is important to note that R. Lakoff, already in 1971, mentions connectives which connect elliptical hypersentences (LAKOFF 1971).

In 1977 T.A. van Dijk is concerned with what he calls the 'pragmatic connectives': 'And', 'But', 'Or', 'So', 'If', 'Unless' (VAN DIJK 1977).

In my papers from 1977, 1978 I make an attempt to give an explanation of connective relations also on this level and I give a list of such con-nectives (only adversative) in modern Greek, i.e. connective elements the arguments of which are sentence sequences or texts of arbitrary length.

At the 'Lunder Symposium' in 1978 H. Weydt is concerned with the analysis of the text connectives 'jedenfalls', 'immerhin' and 'schließlich' (WEYDT 1978).

Considering the macroconnective relations which up to now have not been sufficiently examined on a semantic-pragmatic basis, we have to take into account the important role of the intonation. This should not be overlooked even in written texts, because the author, as well as the reader, operate with mental acoustic patterns. So, if we say, speaking about a written text, 'This sounds strange.', we do not always mean this metaphorically, but we somehow express the process by which we approximate the text acoustically by means of our imagination. Beside the intonation, the pauses, and the punctuation we must also take into account the role of the organisation of the text in various units as paragraphs, chapters etc. (CROTHERS 1979). So the same text, if organised differently, implies different connective relations, and hence requires a different interpretation. This problem is of great concern to papyrologists, archaeologists and generally to editors of texts which have been transmitted via a number of different manuscripts.

This short discussion of some of the problems of the connective relations is not meant to imply that all of the problems in this topic have been touched upon. On the contrary, I am well aware of the fact that many important points have not even been mentioned here. Such still open questions are, for example, the criterion of relevance for the arguments which could justify connection, the temporal relations between the arguments, their potential commutativity, and a classification of the connective expressions on a semantic-pragmatic basis. Another question not discussed here is how far comparisons imply connective relations (DUCROT/VOGT 1979).

In spite of the problems awaiting a detailed discussion, I chose here to raise the alternative of viewing the speaker through the text, rather than the text per se (LEVY 1979). Thus, I have tried to explain the connective relations by localizing them on several levels, having in mind the attempts of the interpreter to understand (a) what his communicative partner describes, (b) how he approximates the states of affairs he describes and (c) what he aims at in producing the text. This search for a series of interconnected correlates on several levels, to be assigned to the text, is the permanent effort of the interpreter in grasping the text in all its dimensions.

Literature

ARISTOTLE: "Poetics" 1456b38

BIASCI, Claudia (1982): "Konnektive in Sätzen und Texten. Eine sprachübergreifende pragmatisch-semantische Analyse". Hamburg: Buske.

BIERWISCH, Manfred (1978): "Wörtliche Bedeutung - eine pragmatische Gretchenfrage". ROSENGREN, I. (ed.)(1979): Sprache und Pragmatik. Lunder Symposium 1978. Lund: CWK Gleerup.

BRAUSSE, Ursula (1983): "Bedeutung und Funktion einiger Konjunktionen und Konjunktonaladverbien: 'aber', 'immerhin', 'allerdings', 'dafür', 'dagegen', 'jedoch'". Linguistische Studien, Reihe A, 104, (1983). Berlin: Akademie der Wissenschaften.

COHEN, L. Jonathan (1971): "Some Remarks on Grice's Views about the Logical Particles of Natural Language". BAR-HILLEL, J. (ed.)(1971): Pragmatics of Natural Languages. Dordrecht: Reidel.

CROTHERS, J. Edward (1979): "Paragraph, Structure, Inference". Norwood, New Jersey: Ablex Publishing Corporation.

DIJK, Teun, A. van (1977): "Pragmatic Connectives". XIIth International Congress of Linguistics. Vienna.

DORFMÜLLER-KARPUSA, Käthi (1977): "Semiimplizite und implizite adversative und conzessive konnektive Elemente der neugriechischen Sprache". FRITSCHE, J. (ed.)(1982): Konnektivausdrücke, Konnektiveinheiten. Grundelemente der semantischen Struktur von Texten. Hamburg: Buske.

--- (1978): "Konnektive Ausdrücke und konnektive Relationen". ORBIS XXIX (1980).

--- (1981): "Kompositionseinheit - Kommunikat - kanonische Repräsentation". DORFMÜLLER-KARPUSA, K./PETÖFI, S.J. (eds.)(1981): Text, Kontext, Interpretation. Einige Aspekte der texttheoretischen Forschung. Hamburg: Buske.

DUCROT, O./ VOGT, C. (1979): "De 'magis' à 'mais': une hypothèse sémantique". Revue de Linguistique Romane. 1979 T. 43.

FRITSCHE, Johannes (1983): "Entwicklung eines Bedeutungsmodells der Konnektive des Gegensatzes". Working paper. Bielefeld.

GIULANI, M. Vittoria (1974): "'Ma' e altre avversative". Roma: Instituto di Psicologia C.N.R.

GRICE, H. Paul (1968): "Logic and Conversation". William James Lectures. Harvard University, Cambridge, Massachusetts.

KELLER, Werner (1958): "Und die Bibel hat doch recht". Berlin, Darmstadt: Deutsche Buch-Gemeinschaft.

LAKOFF, Robin (1971): "If's, and's, and but's about conjunction". FILLMORE, C.J./LANGENDOEN, T. (eds.)(1971): Studies in Linguistic Semantics. New York: Holt.

LEVY, M. David (1979): "Communicative Goals and Strategies: Between Discourse and Syntax". GIVON, T. (ed.)(1979): Syntax and Semantics. Volume 12. Discourse and Syntax. New York, San Francisco, London: Academic Press.

PETÖFI, S. Janos (1976): "Structure and Function of the grammatical component of the text structure world structure theory". GUENTHNER, F./SCHMIDT, S.J. (eds.)(1978): Formal Semantics and Pragmatics for Natural Language. Dordrecht: Reidel.

RUDOLPH, Elisabeth (1981): "Zur Problematik der Konnektive des kausalen Bereichs". FRITSCHE, J. (ed.)(1982): Konnektivausdrücke, Konnektiveinheiten. Grundelemente der semantischen Struktur von Texten. Hamburg: Buske.

WEYDT, Harald (1978): Zur Unterscheidung 'semantisch - pragmatisch' dargestellt an den Partikeln 'jedenfalls', 'immerhin' und 'schließlich'". ROSENGREN, I. (ed.)(1979): Sprache und Pragmatik. Lunder Symposium 1978. Lund: CWK Gleerup.

ZUR BESCHREIBUNG DER AUSDRÜCKE MIT "DIRE"
Textfunktionen, Lexikographie, konversationelle Implikaturen und Sprechakte

Pierre Leclère

1. Wörtliche Bedeutung und Sinn

Eine deskriptive Untersuchung der Ausdrücke mit dire müßte den Umfang einer Monographie haben, wenn Vollständigkeit angestrebt werden sollte. Wegen der gebotenen Kürze des Beitrages werde ich mich darauf beschränken, den theoretischen Rahmen zu skizzieren, der einer solchen Beschreibung zugrundegelegt werden kann, und einige Beispiele zu analysieren.

Eine mögliche Eingrenzung bestünde darin, nur Redewendungen zu berücksichtigen, d.h. nach COSERIU Einheiten, deren Bedeutung unanalysierbar ist und die "nur auf der Satz- bzw. Textebene mit anderen Sätzen oder ganzen Texten kommutierbar" sind (COSERIU 1978: 221). Eine solche Eingrenzung erscheint nicht wünschenswert, und zwar aus zwei Gründen: zum einen sind Redewendungen mit dire verglichen mit der unerschöpflichen Anzahl von möglichen Ausdrücken relativ selten; zum zweiten, wenn es sich um die S i n n konstitution auf Textebene handelt, ist die Unterscheidung einer Klasse von Ausdrücken irrelevant, die sich nur auf der Bedeutungsebene auszeichnen und deren Status auf der Sinnebene nicht von dem anderer sprachlicher Ausdrücke differiert; beide Klassen unterliegen gleichartigen Verwendungsregeln im expressiven Wissen.

Bei der Klasse "andere sprachliche Ausdrücke" entfällt das Merkmal der semantisch-lexikographischen Unanalysierbarkeit und es läßt sich außerdem impressionistisch-pauschal feststellen, daß der Abstand zwischen ihrer wörtlichen Bedeutung und ihrem Textsinn, darunter ihrer Textfunktion, meistens geringer ist als der entsprechende Abstand bei Redewendungen. Zur Bezeichnung der zum expressiven Wissen gehörigen semantischen Bestimmung fehlt mir vorläufig ein Terminus, da bei COSERIU "idiomatisch" Ausdrücke bezeichnet, die gemäß den Regeln und der Norm der historischen Einzelsprache als Technik konstruiert sind (COSERIU 1980: 41-43).

1.1. Diese Ausführungen könnten in eine andere, modischere Terminologie übersetzt werden und würden dann mit den Kernpunkten einer Reihe von Analysen zusammenfallen, die von Autoren wie GRICE, WUNDERLICH, MORGAN, SADOCK, BIERWISCH, ROULET und vielen anderen vorgeschlagen wurden und die allesamt um das zentrale Verhältnis zwischen (wörtlicher) Bedeutung und Sinn kreisen. Eine solche terminologische Übersetzung macht deutlich, daß GRICEs "conversational implicatures" bei MORGAN zu "conventions of usage that govern the use of sentences, with their literal meanings, for certain purposes" werden (MORGAN 1978: 261); diese Definition MORGANs wiederum erinnert an die Definition der Textfunktion bei COSERIU: "eine Funktion des Sprechens in einer bestimmten Situation, des Sprechens zu einem bestimmten Zweck" (COSERIU 1980: 45), bis auf diesen wichtigen Unterschied, daß bei COSERIU die wörtliche Bedeutung nicht erwähnt wird. In der von GRICE ausgelösten Diskussion über "Idiomatizität" entproblematisiert MORGAN m.E. zu Unrecht das Verhältnis zwischen konventioneller und konversationeller Implikatur, ein Problem, das meines Wissens von SADOCK am kritischsten dargestellt wurde.

Auf die Gefahr hin, gegenüber der strengen und subtilen Beweisführung von SADOCK recht trivial zu wirken, werde ich versuchen zu zeigen, daß einige grundlegende Termini GRICEs und SADOCKs letzten Endes Postulate darstellen, die einer Überprüfung durch psycholinguistische Tests mit großer Population bedürfen. Es sei in diesem Zusammenhang vermerkt, daß Sinnbestimmungen bei solchen Versuchen oft anders ausfallen als die Intuition des Sprachwissenschaftlers oder des Lexikographen, ein Risiko, das hier bewußt eingegangen wird (LAUCHT / HERRMANN 1978).

1.2. Wenn SADOCK über den vielstrapazierten Äußerungstyp <u>Can you pass me the salt</u> referiert, die damit verbundene konversationelle Implikatur sei "relatively independent of context" oder "highly generalized" (SADOCK 1978: 283, 293), so kann dieses Merkmal vom Standpunkt der trivialen externen Kritik her wohl nur bedeuten:
a) daß der Kalkül des Sinnes von der wörtlichen Bedeutung her re-

gelmäßig und automatisch erfolgt, mit anderen Worten daß die wörtliche Bedeutung in den Hintergrund tritt;
b) daß dieser Sinn automatisch mit einer Situation assoziiert wird, die allgemein in der Bedeutung von alltäglich oder banal ist, aber sehr präzise beschrieben werden kann.

Was nun, wenn sich eine solche automatische Assoziation auch bei Tout est dit einstellt, einem Ausdruck, der in einer Situation verwendet wird, der genauso präzisiert werden kann, aber weniger allgemein ist ? Wenn hier die Bezeichnung "allgemeine konversationelle Implikatur" gelten soll, dann kommen solche Implikaturen sehr häufig vor, was aber von GRICE selbst bezweifelt wird, wenn hingegen dieser Ausdruck nicht unter diese Bezeichnung fällt, dann würde das heißen, daß er aufgrund anderer Arten von Implikaturen interpretiert wird, unter denen nur die konventionelle Implikatur einen Grad an psychologischer Allgemeinheit besitzt, der mit dem der allgemeinen konversationellen Implikatur konkurrieren kann; ich habe aber postuliert, daß die mit Tout est dit assoziierte Situation weniger allgemein ist als die mit Can you pass me the salt assoziierte Situation. Der Terminus "allgemeine konversationalle Implikatur" würde somit Ausdrücken vorbehalten werden, die dem gemeinsamen Wissen einer breiten Schicht von Sprachteilnehmern angehören; dieses psycho-soziolinguistische Kriterium erklärt übrigens, warum die allgemeinen konversationellen Implikaturen von den konventionellen so schwer zu unterscheiden sind. Diese Interpretation des Merkmals 'allgemein' wird durch die Wahl der Beispiele bei SADOCK bestätigt: in einem späteren Aufsatz (1981) führt er die Bedeutung von almost auf eine allgemeine konversationelle Implikatur zurück, was natürlich nur durch die Gricesche Konzeption der Semantik zu erklären ist.

1.3. Wenn wir den Standpunkt der technischeren internen Kritik einnehmen, dann stellen wir fest, daß SADOCK in seiner Beurteilung der Griceschen Terminologie und der Kriterien der "calculability" und der "nondetachability" zu Aussagen kommt, die einerseits den Kontextbegriff präzisieren und andererseits wiederum die Frage der psychologischen Überprüfbarkeit aufwerfen.

1.3.1. Durch seine Kritik der Unterscheidung zwischen konversationellen Implikaturen einerseits und den Implikaturen andererseits, die sowohl nicht-konventionell wie nicht-konversationell sind, plädiert SADOCK indirekt für einen Kontextbegriff und damit für ein expressives Wissen, das Texttypen, Makro- und Mikrostrukturen von Textsorten, Kenntnis der soziokulturellen Konventionen, die in Texten zum Ausdruck kommen, darunter Höflichkeitsregeln, umfaßt(SADOCK 1978: 282). Die "parole"- und Textlinguistik darf natürlich nicht bei dieser pauschalen Feststellung der hermeneutischen Relevanz dieser "waste-basket"-Kategorie stehenbleiben, sondern sie muß sich darum bemühen, die prägnanten Faktoren der Sinnkonstitution zu unterscheiden, wozu in erster Linie die Differenzierung der Textfunktionen gehört.

1.3.2. SADOCKs Forderung, daß das Prinzip der "calculability" bei Redewendungen nicht angewandt werden sollte, ist ein theoretisches ad hoc-Postulat, das offensichtlich einer psycholinguistischen Überprüfung bedarf (SADOCK 1978: 286-287).

1.3.3. Im Zusammenhang mit der Synonymität, einem wesentlichen Aspekt für das Kriterium der "nondetachability" und somit für die Unterscheidung von konventionell und konversationell, äußert sich SADOCK ziemlich vorsichtig:

"Detachability in the absence of obvious meaning differences of the right kind is a suspicious fact, and the more apparent paraphrases there are that succeed in detaching an implicature, the more it looks as if the implicature must be conventional. On the other hand, the more apparently synonymous expressions there are that fail to detach an implicature, the less the situation looks accidental and the more it looks as if some principle, such as the Cooperative Principle, is in force." (SADOCK 1978: 290)

Die zugrundegelegten Beispiele (<u>can</u>/<u>be able</u>, S. 289)scheinen darauf hinzuweisen, daß SADOCK von der Systemsynonymität ausgeht und die Zusammenhänge zwischen Bedeutung, Redebedeutung und Textsinn nicht thematisiert. Für mich sind die echten Fragestellungen andere, nämlich ob in einer bestimmten Situation und in einem bestimmten Text auf der paradigmatischen Achse kommutierbare Ausdrücke den gleichen Textsinn ergeben, ob sich eine Tendenz feststellen läßt, daß diese Ausdrücke einen vergleichbaren Konventionalisierungsgrad aufweisen - ich bin mir der Vagheit dieses Terminus' durchaus bewußt - und daß an dieser Textstelle Ausdrücke der Technik der Rede ohne besonderes Konventionalisierungsmerkmal weniger häufig vorkommen oder gar ausgeschlossen sind, und eventuell ob ein Zusammenhang zwischen Konventionalisierung und Bestimmtheit der Situation besteht.

1.4. Um die mit dem Terminus und dem Begriff der allgemeinen konversationellen Implikatur verbundenen Aporien zu vermeiden, ziehe ich es vor, nur zwei äußerst banale semantische Ebenen zu unterscheiden, nämlich die wörtliche Bedeutung und den mehr oder weniger konventionalisierten Textsinn, wobei die Vermittlung der Inferenz - oder wie man es nennen will - trotz SADOCKs Forderung manchmal in Anspruch genommen wird (vgl. LECLÈRE 1980).

2. Zur textfunktionellen Bestimmung von Ausdrücken mit dire

In einem ersten Schritt habe ich unter Zugrundelegung von drei lexikographischen Corpora und unter Heranziehung der "gesamten" Literatur zu dire ein Inventar der Textfunktionen aufgestellt, die den Ausdrücken mit dire zugeordnet werden können. Die Komplexität der lexikographischen Beschreibungssprache, insbesondere bei REY / CHANTREAU, erschwert die Übersetzung in eine andere Metasprache, aber sie bietet den Vorteil, z.B. traditionelle rhetorisiche Figuren da beizubehalten, wo die Übersetzung in sprechakttheoretische Kategorien problematisch wäre.

Meine Terminologie ist eklektisch: Einige Textfunktionsbenennungen stammen von COSERIU; der Pragmalinguistik habe ich die Termini "Verstärkung" bzw. "Verringerung des Engagements" entlehnt; in vielen Fällen mußte ich Arbeitstermini einführen, die im Grenzgebiet zwischen traditioneller Rhetorik, Sprechakttheorie und lexikographischer Deskription angesiedelt sind. Dieser gemischte Charakter der Textfunktionsbenennungen wird m.E. der Textwirklichkeit gerechter: z.B. können die Ausdrücke comme on dit und comme dit l'autre der Textfunktion des Zitierens zugeordnet werden; aber gleichzeitig übernehmen sie sehr häufig die metadiskursive Funktion der Abschwächung der illokutiven Kraft der Assertion. Bei der Texthermeneutik ergibt sich oft ein sehr präziser Sinn, der der Kombination mehrerer Textfunktionen entspricht und der n i c h t n u r für ein bestimmtes Äußerungsexemplar gilt. Diese semasiologische Beschreibung darf diesen mit dem abnehmenden Abstraktionsgrad verbundenen Schwierigkeiten der Kreuzklassifikation nicht aus dem Weg gehen; auch die onomasiologisch verfahrende Sprechakttheorie muß sich ihnen stellen.

2.1. Auf der höchsten Abstraktionsebene können die Ausdrücke mit dire in drei große Kategorien unterteilt werden: explizite oder indirekte Thematisierungen des Sagens, die sich auf den Sprecher beziehen, solche, die sich auf den Angesprochenen beziehen und solche, die sich auf die besprochene Person beziehen. Aus der ersten Kategorie greife ich Ausdrücke heraus, die ich in erster Annäherung unter die Beschreibungsmerkmale "Verstärkung" bzw. "Verringerung des Engagements" subsumiere. Diese Termini liefern ein generisches Merkmal für Ausdrücke, die als rhetorische Varianten des assertiven Sprachspiels bezeichnet werden können und die sich von der metadiskursiven Abschwächung der Assertion durch ein direkteres Verhältnis zu den wahrheitsfunktionellen Kriterien oder zumindest zur Wahrhaftigkeit des Sprechers unterscheiden. Für den ersten Terminus wäre die spezielle rhetorische Textfunktionsbenennung "apodiktische Assertion" durchaus möglich: C'est moi qui vous le dis; il n'y a pas à dire; que voulez-vous que je dise.

Bei dem zweiten Terminus ist eine Verbindung zwischen der Abstraktionsebene der Verringerung des Engagements und Textfunktionsbenennungen problematischer: Je me suis laissé dire; je ne dis pas; c'est seulement pour dire; mettons que je n'ai rien dit! Der erste Audruck kann initiativ oder reaktiv gebraucht werden; er gehört zur allgemeinen Textfunktion der Redewiedergabe, ist aber dadurch spezifischer, daß er aufgrund seiner lexikalischen Solidaritäten eine für den Angesprochenen unangenehme Äußerung konnotiert. Der zweite, reaktive Ausdruck ist der Konzession als schwache Billigung zuzuordnen. Von dem dritten, ebenfalls reaktiven Ausdruck gibt P. ENCKELL ein köstliches Beispiel:

"loc. (pop.) : (c'est sans m'engager) - Θ t. lex / in keinem Wörterbuch angegeben/
1839 - 'Laurent. C' que j'vous en dis moi, c'est seulement pour dire.' H. Monnier, Scènes populaires, III, 75 ..." (ENCKELL 1979: 103)

In Wirklichkeit nimmt der Sprecher seine Assertion zurück, denn er hat sich bereits engagiert; diese reaktive Textfunktion kann bezeichnet werden als einlenkende Rücknahme einer Äußerung aufgrund der Reaktionen des Gesprächspartners, wie etwa Unmut, Enttäuschung oder Protest. Diese äußerst präzise Textfunktion ist von REY / CHANTREAU erkannt worden, die für Mettons que je n'ai rien dit! eine Variante (oder eine Art zum Genus?) vorschlagen: "Formule de rétractation neutre, par laquelle on retire ce qu'on a dit, affirmé, sans toutefois le contredire ..." (REY / CHANTREAU 1979: 330).

Dieses Inventar kann noch durch vier weitere persönliche Beispiele der Rücknahme der Äußerung durch Thematisierung des eigenen Sagens ergänzt werden:
(1) C'est (seulement) histoire de dire, eine Redewendung, die durch das familiäre Äquivalent für pour markiert ist;
(2) Je te/vous dis ça, mais ... : der erste Teil der Äußerung kündigt die eigentliche Rücknahme an, die nach mais folgt;
(3) Je te/vous dis ça, moi ... mit suspensiver Intonationskontur, eine ellipsische Äußerung, die als solche die Rücknahme darstellt; dieser Äußerungstyp kann verglichen werden mit:
(4) Ce que je vous en dis, moi ... , einer Äußerung, die ohne ihr redundantes Anhängsel (c'est seulement pour dire) vorkommen kann.

Zu den Bsp. (2)-(4) sei auf einen Ausdruck verwiesen, der das Sagen des Angesprochenen thematisiert: Tu dis ça signalisiert durch seinen Intonationsverlauf, daß der Sprecher die Äußerung seines Gesprächspartners kritisiert. Dieser Ausdruck kommt auch als Teilsprechakt vor: Tu dis ça, mais ... Die dichotomische Struktur der Replika ist auch für die Sequenz Konzession-Einwand wie etwa in Je ne dis pas, mais .... charakteristisch.

2.2. In den obigen Analysen ist der Begriff der auf prägnanten Situations- und Kontextfaktoren beruhenden Konventionalität praktisch expliziert worden. Eine interessante Frage ist, ob auf der Ebene des Textsinns die semantischen Oppositionen der strukturellen Linguistik noch eine Rolle spielen oder ob sie aufgehoben sind. Das Miniaturparadigma Je peux dire que vs. Je dois dire que läßt sich zwar auf die strukturelle Opposition 'Erlaubnis-Ermächtigung' vs. 'Verpflichtung' festlegen; diese Interpretation kann aber nur kontextuell erschlossen werden, und zwar nicht schon durch das Determinationsverhältnis zwischen pouvoir bzw. devoir und dire, das andere Interpretationen zuläßt, sondern zusätzlich durch Rekurs auf das expressive Wissen.

In einer ganz bestimmten Textsorte, dem didaktischen Vortrag realisiert Je peux dire que die Textfunktion der Schlußfolgerung, und zwar meist nach Erwähnung der Begründung, die diese Schlußfolgerung rechtfertigt. Im Dialog realisiert Je dois dire que je nach Bezug und sequentieller Anordnung entweder den widerwilligen Vorwurf, die Konzession oder nach einer Konzession einen höflich verkleideten Einwand. Dieses semantische Merkmal 'Verpflichtung' (bzw. 'Notwendigkeit') erscheint ebenfalls in Varianten mit être obligé und in dem parenthetischen Ausdruck Il faut bien le dire, der erstmalig für das Jahr 1905 belegt ist, und zwar in publizistischen Texten (Reportagen) (SALMON 1980: 82); die ausgedrückte Textfunktion ist die der Konzession.

Zur Illustrierung dieser Problematik, aber auch des Verhältnisses zwischen wörtlicher Bedeutung und Textsinn, möchte ich ein Paradigma anführen, das m.W. nirgends behandelt wird: dire vs. se dire vs. se laisser dire vs. faire dire; ich meine, die strukturellen Oppositionen bedürfen keiner Paraphrasierung. Se laisser dire erscheint in rein wörtlicher Bedeutung, d.h. zulassen, daß jemand einem etwas sagt, nur mit einer beschränkten Klasse von Objektergänzungen, und zwar unangenehme Worte; ich habe bereits auf diesen Fall von lexikalischer Solidarität hingewiesen.

Besonders interessant ist die kausative Konstruktion in ihren konkreten Realisierungen der Aktantenstellen.
(5) Je ne te/vous le fais pas dire;
(6) Qu'est-ce qui te/vous fait dire ça/que;
(7) On ne me fera pas dire que.
Bei (1) ist der Schritt von der wörtlichen Bedeutung zum Textsinn minimal. Der Sprecher betont, daß er seinen Gesprächspartner in seiner Äußerung nicht beeinflußt hat - vgl. Du sagst es ! - und diese Feststellung löst aufgrund der Kenntnis der sozialen Regeln der Kommunikation die Interpretation aus, daß die Übereinstimmung spontan war (REY / CHANTREAU 1979: 330; MARTINS-BALTAR / HUART

1980:154). Dieser Äußerungstyp geht meistens mit einer gewissen Vertrautheit der Partner einher, kann aber auch in polemischen Debatten vorkommen.

In (6) wird nach den Motivationen des Gesprächspartners gefragt, und durch diese Infragestellung wird die Interpretation ausgelöst, daß der Sprecher sich zumindest überlegt, ob er zustimmen wird (MARTINS-BALTAR / HUART 1980: 168).

Bei (7) ist der Schritt von der wörtlichen Bedeutung zum Textsinn etwas größer, und zwar dadurch, daß sich diese futurische Äußerung auf eine bereits erfolgte Aussage beziehen kann. Aus dieser Diskrepanz ergibt sich der Textsinn, daß der Sprecher eine eventuelle böswillige Interpretation dieser Aussage ablehnt und dann korrigiert, wie in dem Äußerungstyp Je n'ai pas dit que. Allerdings sind auch Vorkommen mit initiativer Textfunktion denkbar, aber, wie mir scheint, mit demselben Sinn, d.h. der Sprecher weist von vornherein eine mögliche Fehlinterpretation zurück. Ob Äußerungen mit der wörtlichen Bedeutung vorkommen, konnte ich nicht mit Sicherheit feststellen. Meinem Sprachgefühl nach, oder besser meinem expressiven Wissen nach, lassen sich Kontexte rekonstruieren, in denen andere Redebedeutungen von faire und dire erscheinen:

(8) "wörtliche" Interpretation$_1$: Quand on m'auditionnera, on ne me fera pas dire toute la scène;

(9) "wörtliche" Interpretation$_2$: Même si l'on me torture, on ne me fera pas dire que; in diesem Kontext scheinen mir aber folgende Ausdrücke üblicher: ... on n'arrivera pas à me faire dire/on ne me forcera pas à dire/ on ne pourra pas me forcer à dire.

Diese Gegenbeispiele sprechen m.E. für einen hohen Konventionalisierungsgrad von On ne me fera pas dire.

3. Ausblick

Dieser Ausschnitt aus einer größeren Untersuchung sollte eine Beschreibungsmethode konkret vorführen, die auf der Rekonstruktion möglicher Situationen und Kontexte, sowie auf der Analyse authentischer Corpora beruht. Letztere erfordert viele Detailuntersuchungen, wie sie bereits für didaktische Texte und Gespräche zwischen Erwachsenen und Kindern durchgeführt wurden (GAULMYN 1983). Von der Verbindung beider Methoden kann man sich die Grundlegung einer textnäheren Lexikographie erhoffen, die das zugleich theoretische und eminent praktische Problem der Strukturierung, des Abstraktionsgrades und der Hierarchisierung der Textfunktionsbenennungen einer Lösung entgegenführen kann. Eine solche Grundlegung kann nur als ein "work in progress" aufgefaßt werden, vor allen Dingen dann, wenn die Beschreibung durch großangelegte psycholinguistische Tests mit hohen "Kosten" abgestützt werden soll.

Literatur

BIERWISCH, Manfred (1979): "Wörtliche Bedeutung - eine pragmatische Gretchenfrage". GREWENDORF, Günther (ed.) (1979): Sprechakttheorie und Semantik. Frankfurt: Suhrkamp 119-148.

COLE, Peter (ed.) (1978): Syntax and semantics. Vol. 9 : Pragmatics. New York: Academic Press.

--- (ed.) (1981): Radical Pragmatics. New York: Academic Press.

COSERIU, Eugenio (1978): "Einführung in die strukturelle Betrachtung des Wortschatzes". GECKELER, Horst (ed.) (1978): Strukturelle Bedeutungslehre. Darmstadt: WBG: 193-238.

--- (1980): Textlinguistik. Eine Einführung. Tübingen: Narr.

COULMAS, Florian (1981): Routine im Gespräch. Zur pragmatischen Fundierung der Idiomatik. Wiesbaden: Athenaion.

DERRIDA, Jacques (1977): "Limited Inc". Glyph 2: supplement, 81 S.

ENCKELL, P. (1979): Matériaux pour l'histoire du vocabulaire français. 2e série, vol. 19: Datations et documents lexicographiques. QUEMADA, Bernard (ed.) (1979). Paris: Klincksieck.

GAULMYN, Marie-Madeleine de (1983): Les verbes de communication dans la structuration du discours. Essai sur la fonction réflexive du langage. Récits d'enfants et échanges entre enfants et adultes. Paris VIII, Thèse d'Etat. (masch.Diss. Paris)

GOTTSCHALK, Klaus-Dieter (1975): Illokutionstheorie, Modalität und idiomatische englische Ausdrucksweisen. Trier: Lingistic Agency of the University of Trier (vervielf.).

--- (1978/1979): "Unverbürgte und unverbindliche Äußerungen im Englischen". Grazer Linguistische Studien 8 u. 9: 49-77 u. 34-47.

GRICE, H.Paul (1975): "Logic and conversation". COLE, Peter / MORGAN, Jerry L. (eds.) (1975): Syntax and semantics. Vol.3 : Speech acts. New York: Academic Press: 41-58.

--- (1978): "Further notes on logic and conversation". COLE (ed.) (1978): 113-127.

--- (1981): "Presupposition and conversational implicature". COLE (ed.) (1981): 183-198.

HEESCHEN, Volker (1982): "Universals of human behaviour and semantics". Athen: Vortrag auf der 15. Jahrestagung der Societas Linguistica Europaea. 8.-11. September 1982 (vervielf. Autor)

LAUCHT, M. / HERRMANN, Th. (1978): Zur Direktheit von Direktiva. Mannheim: Arbeiten der Forschungsgruppe Sprache und Kognition am Lehrstuhl Psychologie III. (vervielf. Mannheim)

LECLERE, Pierre (1980): "Autres regards sur la théorie des actes de langage". Folia Linguistica XIV/3-4: 329-365.

--- (1982a): "Pour une pragmatique subjective et éclectique". Grazer Linguistische Studien 17/18: 133-168.

--- (1982b): "Enquête sur l'expression de la concession et de l'objection en wolof, sango, tém, hongrois et thai". (erscheint demnächst)

--- (1983): "Remarques sur les fonctions textuelles des expressions contenant dire. Lexicographie, implicitations conversationnelles et actes de parole". (erscheint demnächst)

MARTINS-BALTAR, Michel / HUART, Michel (1980): "Actes de parole". PORCHER, Louis et al. (eds) (1980): Adaptation de 'Un niveau-seuil' pour des contextes scolaires. Strasbourg: Council of Europe: 59-195.

MORGAN, Herry L. (1978): "Two types of convention in indirect speech acts". COLE (ed.) (1978): 261-280

REY, Alain / CHANTREAU, Sophie (1979): Dictionnaire des expressions et locutions. Paris: Robert.

ROULET, Eddy (1978): "Essai de classement syntaxique et sémantique des verbes potentiellement performatifs en français". Cahiers de Linguistique 8: Syntaxe et sémantique du français: 437-452.

--- (1980): "Stratégies d'interaction, modes d'implicitation et marquerus illocutoires". Cahiers de linguistique française 1: Actes de langage et structure de la conversation: 80-103.

SADOCK, Jerrold M. (1978): "On testing for conversational implicature". COLE (ed.) (1978): 281-197.

--- (1981): "Almost". COLE (ed.) (1981): 257-271.

SALMON, G. (1980): Matériaux pour l'histoire du vocabulaire français. 2e série, vol. 17: Datations et documents lexicographiques. QUEMADA, Bernard (ed.) (1980). Paris: Klincksieck.

SORNIG, Karl (1977): "Disagreement and contradiction as communicative acts". Journal of Pragmatics 1: 347-374.

--- (1982): "Persuasive Sprachstrukturen". Grazer Linguistische Studien 17/18: 239-277.

Trésor de la langue francaise. (1979) Tome VII. Publié sous la direction de Paul IMBS. Paris: CNRS: 241-246.

WUNDERLICH, Dieter (1976): Studien zur Sprechakttheorie. Frankfurt: Suhrkamp.

FORMATIVES, FUNCTIVES, AND VALUES OF GRAMMATICAL CATEGORIES

Kazimierz A. Sroka

0. Introduction

The aim of the paper is 1) to make more explicit and to develop the concept of grammatical category used in functional linguistics and 2) to show how that concept can be applied in the description and comparison of languages.[1]

The term 'grammatical category' is used here in the old, narrower, sense corresponding to what Lyons (1968: 270-74) calls a 'secondary (accidental) grammatical category' (e.g. gender, number, case, person, tense) in contradistinction to 'primary grammatical category' (= any part of speech) and 'functional category' (e.g. subject, predicate, object).

We concentrate on the grammatical categories associated with the (pro)nominal expression and, partly, with the verb, namely on gender, number, definiteness, and role ('case'). Our data are taken from selected languages of the Indo-European family and from Hungarian.

1. The nature of the grammatical category

1.0. In the functional approach to language, as presented by Perrot (1959: 50 f., 59 f.), grammatical categories are regarded as notions which are expressed by means of morphemes. They vary from language to language. In each language, in a specific manner, functions associate notions with means of expression, i.e. morphological devices. The application of the functional principle allows us to recognize distinct linguistic categories only in connection with series of distinct forms. If there are no series of distinct forms, there is no reason to speak of distinct values. In turn, the expression 'distinct series' has its sense only in a system of oppositions; the same series may run through several sets of forms without ceasing to be one (unitary) by virtue of its function.

The approach outlined above rests on sound linguistic principles, yet at some points it requires revision and further elaboration. One of the points that need revision is the very definition of the grammatical category. The term 'notion' used in the definiens seems to suggest a view, which we would consider untenable, that the grammatical category is to be located at the level of meaning. Besides, the definition does not make it clear whether the term 'notion' is meant to denote a variable quality (e.g. gender or number in the general sense) or a constant (such as a particular value of gender or number).

We shall reconsider the nature of the grammatical category by relating it to the system of co-occurrence of features within a set of grammatical constructions.

1.1. By a grammatical construction we understand primarily a semantically complex textual entity in whose structure, on functional grounds, two components can be distinguished: a BASE and a FORMATIVE. In the expressions <u>flower-s</u> and <u>flower-ø</u>, which are instances of grammatical constructions, <u>flower</u>- is the base, and -<u>s</u> and -ø are formatives. Semantically, the formative is an operator which works (acts) upon the content of the base. In the examples quoted, -ø carries the singular, and -<u>s</u> the plural, specification of 'flower-'. A grammatical construction may itself constitute the base of a higher-order grammatical construction and/or contain, as its own base, a lower-order grammatical construction. The organization of a complex grammatical construction is, thus, hierarchical.[2]

1.2. In the approach we propose, grammatical categories have their basis in sets of grammatical constructions. A grammatical category derives, namely, from the system of co-occurrence, in a structurally homogeneous set of grammatical constructions (e.g. set of constructions consisting of nominal lexemes and case endings), between particular formatives and some other properties of the constructions. These other properties will be referred to as FUNCTIVES.[3] The interplay of formatives and functives constitutes the basis for establishing a variable quality whose values (constants) are assignable to particular textual entities. That variable quality is a grammatical category.

Each grammatical category in a given language has, therefore, its own basis, i.e. a characteristic set of formatives (exponents) and a characteristic set of functives (determinants), as well as its own values. As regards the nature of the functives, at least some of them are members of significational contrasts.

The very assignment of a value of a given grammatical category to a textual entity can be performed either 1) at the absolute (potential) level, i.e. with regard to the capability of that entity to occur with a given subset of formatives, or 2) at the actual (manifestational) level, i.e. with regard to the actual occurrence of that entity with a given formative.[4]

1.3. By way of illustration we show a fragment of the core system underlying the category of gender in Polish. The selected formatives are endings of the adjective accompanying the noun in the nom. sing. The connecting lines indicate cooccurrence.

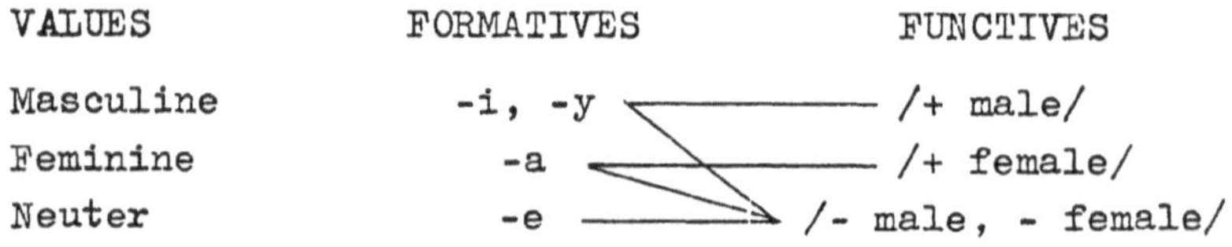

Examples: daleki kuzyn (m.) 'distant cousin (male)', daleka kuzynka (f.) 'distant cousin (female)'; mądry mężczyzna (m.) 'wise man', mądra kobieta (f.) 'wise woman', mądre dziecko (n.) 'wise child'; duży stół (m.) 'big table', duża szafa (f.) 'big cupboard', duże okno (n.) 'big window'.

The noun kuzyn-□ (without its suffix being specified) is potentially masculine/feminine; enriched by the feature /+ male/, it is potentially masculine; enriched by the feature /+ female/, it is potentially feminine. The nom. sing. kuzyn-ø is actually masculine; the nom. sing. kuzyn-ka is actually feminine.

2. Grammatical categories in interlanguage comparison

2.0. Following the functional point of view, we assume that, as to their number and realization, grammatical categories are language-specific. Therefore, for each language, they must be described on the basis of empirical data. The observation of their language-specific characteristics leads us towards the establishment of a set of criteria, or parameters, which can be used in interlanguage comparison. We formulate and exemplify here a selection of such criteria.

2.1. Existence of a particular category

A particular grammatical category may be present in one language, but absent from another. For example, the category of gender is present in English, French, German, and Polish, but (almost) absent from Hungarian. A slight trace of gender in Hungarian can be seen in such pairs as orvos : orvosnő ('doctor' : 'woman doctor'), repülő : repülőnő ('aviator' : 'woman aviator'), where the component nő is, formally and significationally, identical with the noun nő 'woman'. This contrast, however, has no syntagmatic repercussions (in the cooccurring adjective or verb) and there is no gender variation in the pronouns; the personal pronoun ő corresponds to he, she, or it, ők to they.

2.2. The set of (actual) values

A given grammatical category may be characterized by different sets of (actual) values in different languages. E.g., the category of gender has essentially two values (masculine and feminine) in French and three (masculine, feminine, and neuter) in English and German; in Polish, it has three basic values (masculine, feminine, and neuter, the first one being subdivided into animate and inanimate) for the singular and two values (masculine-personal and non-masculine-personal) for the plural.[5] In Swedish, the use of articles and of demonstrative and possessive pronouns manifests two basic values of gender: utrum and neutrum; the use of personal pronouns manifests four values: masculine, feminine, real (these three making up the group of utrum), and neuter (neutrum).[6] These values in correlation with the articles (indefinite and definite) and personal pronouns are shown below.

UTRUM			NEUTRUM
MASCULINE	FEMININE	REAL	NEUTER
en son 'a son	en tant 'an aunt'	en stol 'a chair'	ett hus 'a house'
sonen 'the son'	tanten 'the aunt'	stolen 'the chair'	huset 'the house'
han 'he'	hon 'she'	den 'it'	det 'it'

2.3. Syntagmatic intensity

2.3.0. By the syntagmatic intensity of a grammatical category we understand the range of occurrence of its formatives among elements of word groups or predicational constructions. The categories of number and definiteness will serve us to illustrate its interlanguage variation.

2.3.1. In Polish, in the group consisting of determiner, adjective and noun, the exponents of a particular value of number are distributed over all the three elements. In English, the value manifests itself in the noun and in the determiner (if demonstrative), but leaves the adjective without any marking. Compare P.: Dziś zobaczyłem tego sławnego pisarza vs. Dziś zobaczyłem tych sławnych pisarzy and E.: Today I have seen that famous writer vs. Today I have seen those famous writers. We can thus say that, for the type of construction mentioned, the syntagmatic intensity of the category of number is higher in Polish than in English. Putting it otherwise, English is in this respect more economic than Polish.

For the same type of construction (where the adjective is used attributively), Hungarian is similar to English. Compare H.: Látunk ezt a szorgalmas tanulót vs. Látunk ezeket a szorgalmas tanulókat and E.: We see this diligent pupil vs. We see these diligent pupils.

In the cases discussed, the category of number expands from the head noun to the subordinate components of the nominal group. It can also expand from the (pro)nominal expression functioning as the subject - to the predicate. It expands, for example, to the finite verb in German, Hungarian, and Polish. Further, in these languages and in English, it expands to the nominal expression functioning as a predicator if the head of the latter is a noun. The predicator containing solely an adjective is sensitive to number in Hungarian and Polish, but not in English or German. Compare H.: Az üzlet szép vs. Az üzletek szépek, P.: Sklep (ten) jest ładny vs. Sklepy (te) są ładne, E.: The shop is nice vs. The shops are nice, and G.: Der Laden ist schön vs. Die Läden sind schön. In the latter type of construction, therefore, the syntagmatic intensity of the category of number is higher in Hungarian and Polish than in English or German.

2.3.2. Hungarian differs from such languages as English, French, or German in the syntagmatic intensity of the category of definiteness. While in the latter languages this category is confined to the (pro)nominal expression, in Hungarian it affects also the finite verb. Here the choice of the conjugational form (definite /objective/) vs. indefinite /subjective/) of a transitive verb in a particular sentence depends on the presence of a direct object whose base is characterized by the value 'definite'. If, namely, this kind of direct object is physically present in the sentence or (its relatum) is understood from the context, the form of the verb is definite; otherwise, i.e. if there is no direct object, or there is one, but its base is characterized by the value 'indefinite', the form of the verb is indefinite. Compare the following sentences: János olvas 'John is reading', János újságot olvas 'John is reading a newspaper', János olvassa az újságot 'John is reading the newspaper'. As can be seen, the indefinite form of the verb, olvas (root plus -ø), appears in the absence, and the definite form, olvassa (root plus -sa), in the presence, of the direct object whose base, owing to the definite article a(z) (realized here as az), is characterized by the actual value 'definite'.[7]

2.4. Word-class intensity

We tentatively propose the term 'word-class intensity of a grammatical category' to denote the range of the manifestation of a grammatical category in the set of distributional classes of words (i.e. parts of speech).

Let us consider gender. Its word-class intensity is (almost) null in Hungarian (see above, 2.1); it is a little higher, but still very low, in English, where gender manifests itself only in the noun and the personal pronoun; it is, however, very high in Polish, where the category in question has its exponents in nouns, pronouns, adjectives, numerals, and verbs.

Speaking of particular parts of speech carrying the formatives of a given grammatical category, we should also take into account the contextual range in which the category is manifested. In Polish, for example, the adjective manifests number in all contexts, but in Hungarian it does so only when used predicatively (see above, 2.3) and in the function of the noun, e.g. Vannak ott öreg<u>ek</u> és fiatal<u>ok</u> 'Old and young (people) are there'. Thus considering the contextual range, we obtain a more sensitive criterion for comparing languages with regard to the word-class intensity of a given grammatical category.

2.5. The 'substance' of formatives

As to their 'substance' ('material' essence), we distinguish three basic types of formatives: 1) textual segments distinct from the base, 2) inherent features connected with the base, and 3) location of the base in a higher-order construction (see SROKA 1981a: 35 f.).

The 'substance' of formatives of one and the same grammatical category may, in different languages, be different.

For example, in the case of the category of role, English uses location (different positions of a nominal with regard to the verb) for certain contrasts for which Polish uses segmental formatives (case endings). Compare the contrast of role between <u>John</u> and <u>Peter</u> resulting from the different positions they occupy in E.: John visited Peter (vs. Peter visited John) and the same contrast between <u>Jan</u>-<u>ø</u> and <u>Piotr</u>-<u>a</u> resulting from their different endings in both P.: Jan odwiedził Piotra and P.: Piotra odwiedził Jan, where the position of the noun is irrelevant.[8]

In the case of the category of definiteness, Polish uses location (and sentence accent) for certain contrasts for which English uses segmental formatives (definite and indefinite articles). Compare E.: A woman wants to see you vs. The woman wants to see you and P.: Pragnie zobaczyć się z tobą kobieta, Ko`bieta pragnie zobaczyć się z tobą (nuclear tone) vs. Kobieta pragnie zobaczyć się z tobą.[9]

2.6. Place of segmental formatives

The segmental formatives themselves, characteristic of a given grammatical category, may be the source of interlanguage variation because of their varying location in grammatical constructions of different languages.

For example, the segmental formatives of role appear as suffixes and/or postpositions in Hungarian, but as prepositions in English; in Polish, they appear either as suffixes or as disrupted morphemes consisting of a preposition and a suffix. Compare: 1) E. to the child, H. a gyereknek, and P. dziecku, 2) E. in the river, H. a folyóban, and P. w rzece.

The article, which is a formative of definiteness, may open the nominal expression, as in English, French, or German, follow the first component of a complex nominal expression, as in Bulgarian (prijateljat 'the friend', mladijat mǎž 'the young man', mojat dobǎr prijatel 'my good friend'; see KRÁMSKÝ 1972: 155 f.), follow or precede the base of the construction, but with the effect of making the construction definite in the former, and indefinite in the latter, case, as in Swedish (see above, 2.2).

2.7. n-categoriality of formatives

Viewed intercategorially, formatives can be divided into monocategorial and polycategorial according to whether they manifest only one or more than one category at a time. The agglutinating suffixes characteristic of the noun in Hungarian are monocategorial. The endings of noun, adjective, and (the forms of the) pronoun in Polish are polycategorial: they simultaneously manifest gender, number, and role ('case'). Compare H. tanár-ok-nak and P. nauczyciel-om 'to teachers'.

3. Conclusion

This is but a preliminary and fragmentary introduction to the problem of grammatical categories. We hope, however, that it shows the way to a fuller theory of the grammatical category and to its applicational extensions. The criteria formulated in the second part of the paper should prove useful not only when we describe and compare grammatical systems, but also when we state their diachronic changes.

Notes

1 This paper was presented at the 17-th Linguistic Colloquium, Brussels, 15-17 September, 1982.

2 For an earlier formulation of what has been said in 1.1, see SROKA (1981a: 34 f.).

3 Originally, the present author used the term 'functive' in the sense of "a semanteme to be manifested by a formative" (SROKA (1981a: 42)). For an extended sense, used also here, see SROKA (1981b: 195).

4 Cf. SROKA (1981b: 195 ff.); for an earlier proposal and use of the distinction between the two levels in syntax see SROKA (1972: 37 ff.and 87 ff.).

5 But not when the numeral 'two' (dwaj, dwie, dwa) is used; see KUCAŁA (1978: 19 f.). Cf. also op. cit.: 21 for Kucała's list of the values of gender in Polish.

6 See LINDBERG (1950: 146 ff. and 165 ff.). Cf. KOBYLAŃSKI (1962).

7 See KÁROLY (1972: 98), KRÁMSKÝ (1972: 183-85), MROCZKO (1973: 157-60), and STEPHANIDES (1974: 12 and 90).

8 For a fuller treatment of this and related problems see SROKA (1981a).

9 See SROKA (1983a: 111 and 117 f.). For an earlier, more extensive, study of the problem of reference in English and Polish, see SZWEDEK (1976).

Bibliography

KÁROLY, Sándor (1972): The grammatical system of Hungarian. (Separatum from) The Hungarian language. Budapest: Akadémiai Kiadó: 85-170.

KERESZTES, Kálmán (1975): Hungarian postpositions vs. English prepositions: a contrastive study. Budapest: The Hungarian Academy of Sciences.

KOBYLAŃSKI, Mieczysław (1962): "Rodzaje i rodzajniki we współczesnym języku szwedzkim". Kwartalnik Neofilologiczny 9: 57-60.

KRÁMSKÝ, Jiři (1972): The article and the concept of definiteness in language. The Hague: Mouton.

KUCAŁA, Marian (1978): Rodzaj gramatyczny w historii polszczyzny. Wrocław: Ossolineum.

KURYŁOWICZ, Jerzy (1964): The inflectional categories of Indo-European. Heidelberg: C. Winter.

LINDBERG, Nils-Herman (1950): Lehrbuch der schwedischen Sprache. 5. Aufl. Göteborg: Elanders Boktryckeri Aktiebolag.

LYONS, John (1968): Introduction to theoretical linguistics. Cambridge: Cambridge University Press.

MILEWSKI, Tadeusz (1973): Introduction to the study of language. The Hague: Mouton, Warszawa: Państwowe Wydawnictwo Naukowe.

MROCZKO, Eugeniusz (1973): Język węgierski dla początkujących. Warszawa: Wiedza Powszechna.

PERROT, Jean (1959): La linguistique. 3e éd. Paris: Presses Universitaires de France.

SROKA, Kazimierz A. (1972): The syntax of English phrasal verbs. The Hague: Mouton.

--- (1976): The dynamics of language. Gdańsk: Wydawnictwo Uczelniane Uniwersytetu Gdańskiego.

--- (1981a): "Grammatical formatives in description and comparison". Linguistica et Anglica Gedaniensia 2: 33-62.

--- (1981b): "The grammatical category of definiteness". KOHRT, Manfred / LENERZ, Jürgen (eds.): Akten des 15. Linguistischen Kolloquiums. Münster 1980. I: Sprache: Formen und Strukturen. Tübingen: Niemeyer: 193-202.

--- (1983a): "Definiteness and truth relation". JONGEN, René / DE KNOP, Sabine / NELDE, Peter H. (eds.): Akten des 17. Linguistischen Kolloquiums. Brüssel 1982. I: Sprache, Diskurs und Text. Tübingen: Niemeyer: 110-120. /The paper was presented at the 16-th Ling. Coll., Kiel, Sept. 1981./

--- (1983b): "Kategorie gramatyczne w aspektach: teoretycznym i porównawczym". Sprawozdania Gdańskiego Towarzystwa Naukowego 9: 57-62.

STEPHANIDES, Éva (1974): A contrastive study of the English and Hungarian article. Budapest: The Hungarian Academy of Sciences.

SZWEDEK, Aleksander J. (1976): Word order, sentence stress and reference in English and Polish. Edmonton, Alberta: Linguistic Research.

ZAWADOWSKI, Leon (1959): Constructions grammaticales et formes périphrastiques. Kraków: Ossolineum.

PROTOTYPES IN LEXICAL SEMANTICS: AN EVALUATION

Hubert Cuyckens

0. Introduction

Recently, we have witnessed a renewed interest in the theory of word meaning or of lexical semantics. As always, the basis for such rekindling of interest has to do with positive findings that make a topic worth investigating (again). What seems positive in this case is the so-called p r o t o t y p e view of word meaning. This interesting recent contribution to the foundations of a theory of word meaning does not come from linguistics, but has been developed (especially by Eleanor Rosch) as a result of psychological research of prototypicality effects of mental categories (or concepts). It has given a new direction to lexical semantic theory, whose reigning paradigm until then was a definitional view of word meaning.

This paper will be organized as follows: after summarizing the definitional view of word meaning - which prototype theory is a reaction against - I will discuss why prototype semantics has become so attractive among linguists and psychologists alike. I will, however, counter this feeling of over-optimism by arguing that the definitional view should be partly reinstalled; as I will try to show, a number of lexical items do not - or only partly - lend themselves to a prototypical description.

1. Word - concept/mental category - referent/extension

When a speaker of a language uses a word/lexical item, an underlying conceptual/cognitive mechanism is at work whereby he/she categorizes an object/state of affairs (SoA) with other, analogous objects/SoA's for which he already uses that word. More precisely, when using a lexical item for an object/SoA in the extralinguistic world, the speaker codes a concept/mental category, thereby indicating that the object/SoA satisfies the conditions specified by the concept in order for the object/SoA to fall under the concept denoted by the word. So, we must make a distinction between a word/lexical item, a concept/(mental) category, and the referent/extension.

Schematically:

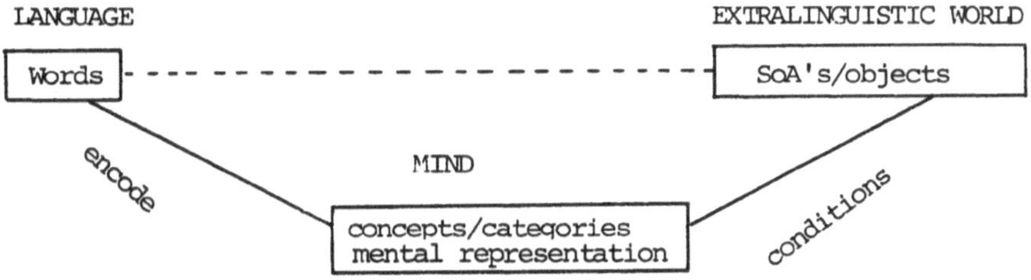

2. Decompositional view of word meaning

Received notions of word meaning in linguistics make use of the idea of semantic features/components in terms of which the meaning of a word can be analyzed. Hence, the meaning of a word is represented as a set of such features. In terms of the distinction made above, we can say that a word x labels a complex concept that, in turn, can be analyzed into a number of simpler mental categories or concepts (features, properties, attributes) that fix the conditions for extralinguistic entities/SoA's to fall under the category/concept denoted by the word x. Note that I have not (yet) discussed how these complex categories are built up. I will get down to that when I discuss prototype theory proper.

Another tradition in word meaning associates an unanalyzable concept with a lexical item. This holistic view of word meaning will not be discussed here, since prototype semantics (which is the main topic of this paper) at least implicitly assumes a componential/semantic feature approach to word meaning.

I will now turn to the major subdivision in this componential approach to word meaning, which will run as a thread through this discussion, namely the definitional and the prototypical view of word meaning.

3. The definitional view of word meaning

This view has also been called, somewhat disparagingly, the 'checklist view' of word meaning (cf. FILLMORE 1975). On this view, the definition of a semantically complex word x consists of a set of features or components such that a given object/SoA is aptly labeled by that word just when it possesses the properties named by each feature in the definition. The particular characteristic of the definitional view (as a componential theory of word meaning) is that the list of features/attributes amounts to the set of n e c e s s a r y a n d s u f f i c i e n t conditions which a thing must satisfy in order to be an instance of the category labeled by the word. In other words, the meaning of a word x is the conjunction of all of its features F_1, F_2, ..., F_n. For all of these features holds that 'x is an F_i' is an analytic truth. So, not only must each word entail each of its components, but the components between themselves must entail the word, or the components extracted must add up to the full meaning of the word.

In terms of categorization, this description of word meaning in terms of necessary and sufficient conditions means that the applicability of a word to an object (or the membership of that object in a particular category) is a 'yes or no' question, not a matter of 'more or less'. Either the object satisfies the list of necessary and sufficient conditions or it does not. There is no partial fit between word and object.

This view of word meaning rests on what LAKOFF 1982 calls the classical theory of categorization: categories are considered as 'yes or no' entities. (And so is the meaning of words that encode these categories.) No special status is accorded to any of the necessary and sufficient conditions for category membership. All conditions are equal, no condition is more important than any other, and there are no different types of conditions.

This definitional view of word meaning is espoused especially in structural semantics (for a survey, see COSERIU/GECKELER 1974) and in TG-semantics (cf. KATZ 1972: 240; KATZ/NAGEL 1974).

4. The prototype view

As I stated in the introduction, the prototype view of word meaning is the immediate result of psychological research into categorization phenomena and of prototypicality effects thereof. ROSCH 1978 states that human categorization should not be considered the arbitrary product of historical accident, but rather the result of psychological principles of categorization. These two principles are (a) cognitive economy and (b) perceived world structure.

(a) Cognitive economy dictates that categorization aims at reducing the infinite differences among stimuli to cognitively usable proportions.

(b) It is the structure of the real world, which is not an unstructured set of equi-probable attributes, but which displays a highly correlational structure that gives rise to categorizations. The fact that some perceptual and functional elements always co-occur in each encounter with the real world makes that they get bundled together in a category. For instance, it is the fact that an object x with legs and a back is usually used to sit on each time that particular object x is encountered, that gives rise to a bundling of these elements into a category/concept which is labeled chair.

After this sketch of how mental categories (concepts) are built up, I will now discuss where prototypes of a category enter the picture and how they reflect on a theory of word meaning.

In terms of the principle of economy mentioned earlier, categories should be as clear-cut and distinct from each other as possible. Now, this can be achieved, as in the classical theory of categorization, by defining a set of necessary and sufficient conditions for each category (i.e. for an object/SoA to be a member of a category). However, this presupposes that categories are indeed discontinuous and do have clear-cut boundaries. The fact that cognitive economy dictates that they should be discontinuous does not imply that they actually are. Indeed, as ROSCH 1978 argues, categories do not have clear-cut boundaries. Instead, she holds that one can achieve separateness of actually continuous categories by defining each category in terms of its clearest cases instead of in terms of its boundaries. These clearest cases are called p r o t o t y p e s. Categories can be viewed in terms of their clearest cases if the perceiver puts emphasis on the correlational structure of the perceived attributes, such that the more attributes a member of a category has in common with other members, the more it will be rated as prototypical. Prototypes are those members of a category that reflect the most privileged properties of the category.

Rosch finds evidence for her claim that categories do not have clear-cut boundaries in her experimental results which - as she contends - show that category membership is g r a d e d, i.e. that there are good instances of a category that are situated at the core of that category, and that there are worse instances of a category, which are situated more at its periphery and may contain characteristics of other categories. The claim that category membership is graded (and hence that there are no clear-cut categories) is based on experiments asking subjects how good an example of a category various instances of that category are. The fact that subjects give graded responses to these questions is taken to mean that category membership is graded. For instance, in ROSCH 1973, subjects had to give a rating of how good an example of the category fruit the instances apple, strawberry, plum, pineapple, fig, and olive were. Apple was considered as the best example or clearest case of the category fruit and olive the worst. These graded responses indicate that - according to Rosch - the category fruit is graded and that, therefore, this graded category should be defined in terms of its clearest case, in this case an apple, and no longer in terms of alleged necessary and sufficient conditions. This clearest case is used as some sort of yardstick to determine whether an object/SoA belongs to the category of which it is a prototypical example.

In sum, prototypical categorization includes that

(a) the category is not defined in terms of necessary and sufficient conditions, but in terms of a representative member;
(b) the boundaries of a category are not sharp - category membership is graded;
(c) none of the attributes of a prototype are criterial;
(d) some features are typically more important than others; there are privileged properties manifest in a prototype; attributes do not have the same equal status.

How does this prototype view of categorization affect the theory of word meaning ? The fact that a category is now defined in terms of representative example which serves as a yardstick means that the meaning of the corresponding word, which is the label of such a category, is no longer defined by the necessary and sufficient conditions an object has to fulfill in order to be a member of the concept/category denoted by that word, but that the meaning of that word consists of a number of prototypical conditions, of which none is a criterial feature for an object to be a member of the category denoted by it. Analogous to natural categorization, the boundaries of word meaning are not very sharp, so it is a matter of 'more or less' whether an object belongs to the concept denoted by a particular word.

5. An evaluation of the prototype view

Let us shortly review the structure of Rosch's argument again. As we have already pointed out, Rosch, when asking how good an example of a category some instances of that category are, gets graded responses. Important is, however, that she takes the graded responses to the question of goodness of category membership as evidence for the fact that category membership is graded. In other words, Rosch experimentally defines (graded) category membership in terms of goodness of membership in a category.

ARMSTRONG/GLEITMAN/GLEITMAN 1983 have also asked the question how good an example of a category various instances of a category are for categories that are typically considered as n o n - g r a d e d, i.e. categories for which membership is a 'yes or no' question and of which speakers assert that it is non-graded. Indeed, if the hypothesis that a prototype structure which displays graded category membership wants to stand firm, then one should receive non-graded (all-or-none) responses to instances of all-or-none categories. And precisely the opposite seems to be the case.

When confronted with such instances of categories as *odd number*, *female*, *even number*, *plane geometry figure*, and given the same task, namely to rate the goodness of the examples of the category, subjects would also give graded responses. A number such as *3* was found to be a more representative ('better') odd number than *471*. So, summing up, we notice that subjects give graded responses when rating the representativeness of instances of a category. They do this for definitional ('yes or no') categories as well as for non-definitional categories.

What can the conclusion be from these observations ? The fact that subjects give graded responses when queried about categories/concepts (i.e. when queried about the representativeness of instances of a category) does not mean that they are rating *category membership* (an assumption made by Rosch), but that they are simply rating *category exemplariness*, which is something different from category membership.

Rosch has always contended that graded responses to an instance of a category are indicative of membership in that category, of which the best representative is the prototype in terms of which the category should be described, and correspondingly, the meaning of the lexical item that labels the category. Quite to the contrary, Armstrong/Gleitman/Gleitman conclude that graded responses do not say anything about a possible graded build-up of concepts, i.e. the graded responses are not indicative of a categorial/conceptual structure which acts as some sort of yardstick with respect to which other instances are evaluated on category membership. Armstrong/Gleitman/Gleitman, instead of proposing a prototypically built up concept, propose a concept with a dual structure, consisting of:

(a) a *conceptual core* which is a categorial description, i.e. which determines category membership, but which has no relation to graded responses. The properties of this core decide about category membership as a 'yes or matter, i.e., they are of a definitional (non-graded) nature.

(b) an *identification function*, which is a list of perceptual and functional properties that serves as a heuristic procedure for picking out concept instances in the world. It is this list that is graded; it is this list that concept instances share to a varying degree, that displays prototypicality effects (if the notion prototype is deprived of its category membership connotations). This gradedness only points at the exemplariness of the instance of the category, without having anything to say about category membership as such.

In terms of word meaning, this proposed dual structure of a concept implies that a word consists of features which decide about category membership, and features 'for easy reference', i.e. features which easily pick out a member of a category. The following may serve as an illustration. The lexical item grandmother consists of the category feature (CF) 'mother of a parent' and of the identification features (IF) 'grey hair', 'old', 'wrinkles'. The lexical item mammal is described by the CF 'viviparous' and the IF 'lives on land'. Compare also the instances whale and dog of the category mammal. Both are mammals to the same degree (so, category membership of these instances is not graded - the category mammal is not graded), but dog is surely a more representative example than whale; indeed, both words have the same CF's, but only dog also contains the IF.

6. A definitional or a prototype view of word meaning ?

Prototype theory showed that the definitional view of word meaning, as espoused in TG- and structural semantics, was no longer viable, because the structure of categories/concepts, and hence the structure of word meaning, in contradistinction to what the definitional view claims, is not characterized by clear-cut boundaries. Armstrong/Gleitman/Gleitman, now, indicate that also the prototype view of word meaning labors under a number of difficulties. With their alternative to prototype theory, the definitional view enters into the picture again in that the conceptual core of a concept consists of properties deciding about category membership, which, again, is indicative of the fact that concepts should have clear-cut boundaries. Armstrong/Gleitman/Gleitman's definitional view of the structure of concepts is, however, not definitional in the TG- or structuralist semantics sense, because it also allows for identification features which account for the graded ratings of the representativeness of instances of a category/concept. Summing up, on Armstrong/Gleitman/Gleitman's view, allegedly worse category members (such as whale, as an instance of the category mammal) are just as well instances of a category as the 'better' category members, but they only score lower on a scale of representativeness.

How, then, to evaluate this newest approach to the structure of categories/concepts and hence, to the structure of word meaning ?

Armstrong/Gleitman/Gleitman's approach seems to work well for those classes of lexical items that can be regarded as artificial categories or categories that can be uniquely and unambiguously defined. I am, of course, thinking of such categories as odd/even number. But also lexical items that figure in some taxonomies (kinship terms) can be defined with respect to the taxa in the tree Biological hierarchies are another example. For instance, Armstrong/Gleitman/Gleitman claim that whatever semantic features the concept tiger is deprived of, it will still remain a tiger, that is, there will always remain a conceptual core. Indeed, natural kind terms have a specific, determined meaning in a biological hierarchy, which is usually known by experts only, but of which ordinary language users know that it is there. We are coming very close here to the 'division in linguistic labor' (cf. PUTNAM 1975, 1978) between the stereotype (the identification function) of a lexical item and its intension (the expert knowledge that decides about categorial membership).

In sum, the lexical items to which Armstrong/Gleitman/Gleitman's claim applies are restricted to artificial categories, or categories that can somehow be neatly defined. But, I would not want to say that their point of view can be generalized to all lexical items. Indeed, I wonder what the conceptual core is of such items/categories as cup, mug, bowl, dish. I cannot think of any hard and fast criterion which, in a 'yes or no' manner, decides about category membership of instances of these categories.

Conversely, prototype theory cannot be generalized to all lexical items either, because for some lexical items, some features are indeed criterial. If the lexical item/category mammal lacks the feature 'viviparous', it simply isn't a mammal.

Therefore, for non-narrowly definable categories (such as cup, mug, dish, bowl), I would say that gradedness is indeed a measure of category membership because there is no single criterion that can determine category membership. Conversely, for narrowly definable categories, it is evident that gradedness responses do not relate to category membership, because the lexical items consist of a number of features which have no other purpose but to categorize.

What this discussion also shows is that it is necessary to distinguish between the properties/features of a lexical item again. Although prototype theory claimed that it does not treat features on an equal level, it still considers all of them as non-criterial, as nnot 'necessary and sufficient'. I have argued that some lexical items do contain criterial features, which should be distinguished from the other features that have a heuristic identification function.

In sum, a unified view of word meaning (either the prototype view or the dual view proposed by Armstrong/Gleitman/Gleitman) is not available at this point. Both have their advantages and domains of application. We can, however, tentatively conclude that some categories/lexical items do contain criterial features, and that only in their absence, the structure of categories/concepts, and hence the structure of word meaning, can be thought of in terms of a prototype.

References

ARMSTRONG, S.L. / GLEITMAN, L.R. / GLEITMAN, H. (1983): "What some concepts might not be". Cognition 13: 263-308.

COSERIU, E. / GECKELER, H. (1974): "Linguistics and semantics". Current trends in linguistics. XII. The Hague: Mouton: 103-171.

FILLMORE, C.J. (1975): "An alternative to checklist theories of meaning". Proceedings of the First Annual Meeting of the Berkeley Linguistics Society: 123-131.

KATZ, J.J. (1972): Semantic theory. New York: Harper and Row.

KATZ, J.J. / NAGEL, E. (1974): "Meaning postulates and semantic theory". Foundations of language 11: 311-340.

LAKOFF, G. (1982): Categories and cognitive models. Trier: L.A.U.T. no. 96.

PUTNAM, H. (1975): Mind, language and reality. Cambridge: Cambridge University Press.

--- (1978): Meaning and the moral sciences. London: Routledge and Kegan Paul.

ROSCH, E. (1973): "Natural categories". Cognitive psychology 4: 328-350.

--- (1978): "Principles of categorization". ROSCH, E. / LLOYD, B. B. (eds.) (1978): Cognition and categorization. Hillsdale, N.J.: Lawrence Erlbaum.

BEDEUTUNGEN ALS MUSTER

Gerhard Reule

Das Wort M u s t e r ist zweideutig.Einmal bezeichnet es das Muster im Sinn der Textilbranche,wie etwa das Karomuster eines Anzugstoffes.Das andere Muster bezeichnet das Musterexemplar,den Prototypen.Mit der Rede von "Bedeutungen als Muster" meine ich zunächst den letzteren.

Prototypen sind bewußtgewordene (phänomenale) Entitäten,die mit anderen Entitäten verglichen werden.In dieser Funktion sind sie unanalysiert und deshalb phänomenal g a n z.Die allgemeinste und zugleich auch basalste Entität für eine vergleichende,bewußtseinsfähige Urteilsfunktion ist die Eigenschaft oder Q u a l i - t ä t.Wollten wir nämlich die Welt axiomatisieren (wie etwa CARNAP (1928)),so könnten wir weder von irgendwelchen Dingen,noch vom Bewußtsein als blankem "cogito",sondern nur vom B e w u ß t- s e i n ü b e r d i e D i n g e ausgehen.Bewußtsein tritt genau dann auf,wenn eine Eigenschaft auftritt,umgekehrt wissen wir nichts,außer wir haben ein Bewußtsein darüber.Bewußtsein und Qualität sind äquivalent.Aus diesem Grunde stellt eine spezifische Qualität die Einheit dar für ein spezifisches Bewußtseinserlebnis, und die Qualität schlechthin als Invariante aller möglichen Qualitäten die Einheit jedes bewußstseinsfähigen Systems.Wollen wir etwas über die Natur des Bewußtseins erfahren,so müssen wir herausfinden,was eine Qualität ist.

Bedeutungen als Prototypen sind phänomenal und stellen deshalb Qualitäten dar,die in andere Qualitäten,seien sie wiederum konzeptuell,mnestisch-imaginativ oder perzeptiv,phänomenal integriert werden können müssen.Dies gilt für Bedeutungen jeder Art. Eine Semantik muß dabei mindestens folgendes leisten:

1. Sie muß die Grundrelation explizieren, die Qualitäten in Bewußtseinszusammenhang bringt.
2. Sie muß sowohl das Auftreten von Merkmalen,als auch die Merk-

malsvariation von Bedeutungen in verschiedenen Situationen erklären können.

3. Sie muß Mittel bereitstellen,um das Phänomen *Sinn* behandeln zu können.
4. Sie muß Mittel bereitstellen,um attentional-fokale Verschiebungen kalkulierbar zu machen.
5. Sie muß - sofern die Semantik kohärent sein will - Mittel bereitstellen,mit denen man die Struktur der unanalysierten Einheit "Qualität" doch noch analysieren kann.

Wenden wir uns diesen Forderungen zu.

1. Die Größe,die jeweils zwei Qualitäten miteinander in Beziehung setzt,ist die Ähnlichkeit.Den Ähnlichkeitsvergleich zweier Qualitäten miteinander mit dem resultierenden Urteil der Ähnlichkeit wollen wir - dem psychologischen In-Beziehung-Bringen folgend - als *Ähnlichkeitsrelation* bezeichnen.Sie ist symmetrisch,reflexiv und transitiv,außerdem zweistellig.Gerade hinsichtlich der Transitivität ist es wichtig,auf besondere Konstitutionsumstände einer Ähnlichkeitsrelation hinzuweisen,die für die Beurteilung der Transitivität natürlich konstant gehalten werden müssen.Wir werden diese Umstände später formulieren.Eine Ähnlichkeitsrelation bezeichnen wir mit "Aq" und folgen damit der Tradition Carnaps.Außerdem gelte folgende Konvention: Sind A und B Qualitäten,dann heißt "$A \div B$",A ist B ähnlich,und "$A \not\div B$",A ist B nicht ähnlich.

Gemäß der hier vertretenen Auffassung ist der Normalzustand einer Qualität der in einem Ähnlichkeitsvergleich.Wir nehmen keine Isolate wahr,und isolieren wir eine Qualität künstlich,um einerseits etwas über ihre Struktur zu erfahren,andererseits die Regeln kennenzulernen,mit denen Isolate wieder zu einem phänomenal Ganzen zusammengefügt werden,so müssen wir die Kapazität zur Ähnlichkeitsrelation in die Isolatbeschreibung mitaufnehmen.Dabei beobachten wir drei Größen:

Zunächst setzt ein Ähnlichkeitsurteil über zwei Qualitäten eine gewisse *Approximitätstoleranz*. Dies wird offensichtlich,wenn die Qualitäten,die wir als ähnlich beurteilen,variieren.Denn verschiedene Ähnlichkeitsurteile strapazieren gegebenenfalls verschieden stark die Toleranz der urteilenden Instanz.

Darüber hinaus gibt es Fälle von klaren Ähnlichkeitsurteilen, in denen sowohl die Approximitätstoleranz,als auch die Strukturtypen der verglichenen Qualitäten konstant bleiben, aber sich etwas ändert,das ich Strukturdichte nennen möchte.Eine Qualität mit einem spezifischen Strukturtyp ist beispielsweise ein visuell perzipiertes Haus.Dieser Strukturtyp kann konstant bleiben (weil sich weder das Haus,noch der Standort und die physiologische Ausrüstung des Perzipienten ändern),während Nebel aufkommt und kontinuierlich die Strukturdichte verringert.Die Strukturdichte trifft Aussagen über die Information einer Qualität,ohne sich auf Merkmale zu beziehen,während der Strukturtyp durch eine spezifische morphologische Konfiguration ungeachtet ihres Informationsgehaltes determiniert ist.Ich nehme an,daß sich Bedeutungen von Perzeptionen oder mnestischen Imagines prinzipiell nur durch eine sprunghaft geringere Strukturdichte unterscheiden.

Man kann eine beliebige Qualität A in Vergleichsdisposition als Vektor $\vec{a}$ mit den drei Koordinaten x,y,z formulieren,wobei x die Toleranz,y die Strukturdichte und z den Strukturtypen angibt.Die Werte auf den Koordinaten seien natürliche Zahlen,wobei den Werten auf z Typen eineindeutig zugeordnet werden.Bezeichnet der Skalar μ die im Vergleich näher zu bestimmende Toleranz,und stellen i,j,k Einheitsvektoren dar,so gilt:

$$\vec{a} = \mu i + a_2 j + a_3 k;$$

Diese Vektordarstellung ermöglicht es,über die Kombination der Koordinaten zweier Qualitäten verschiedene Formen von Ähnlichkeit zu unterscheiden.Von den acht denkbaren Kombinationen führen vier zu Ähnlichkeitsurteilen,nämlich die mit paarweise identischen Werten μ.Dies muß so sein,denn die Disposition "Approximitätstoleranz" wurde aus bereits zustandegekommenen Relationen mit je einer Toleranz gewonnen.

Kommen wir nun zu der eingangs erwähnten Ähnlichkeitsbedingung, die die Transitivität garantiert.Die Vorstellung einer Approximitätstoleranz impliziert eine komparative Aussage und ermöglicht die Darstellung der Toleranzen in einer Reihe.So eine Aussage gibt Antwort auf die Frage,wie ähnlich eine Qualität einer anderen ist.Grundsätzlicher ist die Frage,ob überhaupt Ähnlichkeit zwischen Qualitäten vorliegt.Die Antwort ist eine Existenzaussage.Die Existenz von Ähnlichkeit unterliegt einer nicht-trivialen Dynamik,die ich an folgendem Beispiel illustrieren will:

Gehen wir von drei Qualitäten aus,nämlich (rein visuell) von Charles Laughton,Oliver Hardy und Serafina,meiner Katze.In dieser Gegebenheit werden die Herren Laughton und Hardy einander ähneln, während man Serafinchen als unähnlich ausgrenzt.Tauscht man nun Serafinchen durch einen hypothetischen Zwillingsbruder Laughtons aus,dann sind die Brüder einander ähnlich,während man Hardy als unähnlich ausgliedert.Verantwortlich dafür,was einander faktisch ähnlich wird,sind die unterschiedlichen Toleranzen,die man für denkbare Ähnlichkeiten zwischen den drei Qualitäten aufbringen müßte.In Konkurrenz werden die Qualitäten als ähnlich beurteilt, für deren Ähnlichkeitsurteil die geringste der aktuell denkbaren Toleranzen notwendig ist.

Formulieren wir diese Bedingung mit Vorbehalt so:

Vor.: $\mu_1, \mu_2 \ldots \mu_n \ldots$ sind die Werte von μ mit $\mu \in \mathfrak{N}$ (und damit $\mu_n > \ldots > \mu_2 > \mu_1$).
Es existiert ein Universum mit n Qualitäten derart,daß keine Qualität mit den drei Qualitäten $\vec{a}$,$\vec{b}$,$\vec{c}$ aus diesem Universum eine Ähnlichkeit unter gleicher oder geringerer Toleranz eingehen kann,als dies $\vec{a}$,$\vec{b}$,$\vec{c}$ untereinander können.

Unter diesen Voraussetzungen gilt:

$$\exists\vec{a}\,\exists\vec{b}\,\exists\vec{c}\,\langle[(\mu_2 a_1 \& \mu_2 c_1) \leftrightarrow (\vec{a} \div \vec{c})] \;\&\; [(\mu_1 a_1 \& \mu_1 b_1) \leftrightarrow (\vec{a} \div \vec{b})] \\ \&\; \mu_1 a_1 \;\&\; \mu_1 b_1 \;\&\; \mu_2 c_2 \rangle \leftrightarrow [(\vec{a} \div \vec{b}) \;\&\; (\vec{a} \not\div \vec{c}) \;\&\; (\vec{b} \not\div \vec{c})]$$

Ähnlichkeit und Unähnlichkeit treten als zwei Antagonisten auf. Die Bedingung formuliert ihre Distribution relativ zueinander. Unähnlichkeit bezeichnet eine Veränderung.Da die Distribution von Ähnlichkeit und Veränderung in dieser Bedingung exklusiv ist,stellt die Ähnlichkeitsrelation Aq innerhalb ihres Konstitutionsumstandes eine *Ähnlichkeitsrelation ohne Abweichung* ($:=_{Def}$ Aq_0) dar.Die Veränderung ist mit deren Negation definiert. Veränderung$:=_{Def}$ $\overline{Aq}_0$.

Vorbehalt ist vonnöten,weil die Entdeckung von Toleranzen denkbarer Ähnlichkeiten deren (kognitive) Existenz vorraussetzt, und die Bedingung deshalb einen unendlichen Regress und ein Universum mit unendlich vielen Qualitäten impliziert.Ein physikalisches oder ein wahrnehmbares Universum ist endlich,und unsere Bedingung stellt nur eine fast vollständige Rekonstruktion distributiver Existenzumstände der Ähnlichkeit dar,gibt aber keine Auskunft auf die Frage, *warum* Qualitäten einander ähnlich sind.

In einem endlichen Universum mit n Qualitäten führt sie soweit wie möglich angewendet mit wachsender Toleranz zu einer fortschreitenden Clusterbildung,wobei die Transitivität von Aq_0 innerhalb eines Clusters vorliegt.Bezeichnen wir die Qualitäten kurzerhand mit natürlichen Zahlen,so sieht dies so aus:

$(1 \div 2) \not\div 3 \ldots\ldots \not\div n;$ unter μ_1

$(1 \div 2 \div 3) \not\div 4 \ldots\ldots \not\div n;$ unter μ_2

$\vdots$

$(1 \div 2 \div 3 \ldots\ldots \div n{-}1) \not\div n;$ unter μ_{n-2}

Ähnlichkeit und Veränderung sind hier distributiv.

Für die phänomenale Integration einer Qualität in eine andere gelte nun folgendes:

Wenn und nur wenn zu einer Zeit t zwei Qualitäten $\vec{a}$ und $\vec{b}$ nach unseren Bedingungen eine Relation Aq_0 halten, und zu t-1 zwar $\vec{a}$, nicht aber $\vec{b}$ existiert,wird zu t $\vec{b}$ in $\vec{a}$ integriert.

Wenden wir diese These auf unsere Cluster an,so erhalten wir phänomenale Verklumpungen,sogenannte C h u n k s. Man bringt die Dinge verschieden stark miteinander in Zusammenhang.Es sind uns nun generell die Mittel gegeben,um Bedeutungen mit anderen Qualitäten in Bewußtseinszusammenhang zu bringen und diesen Vorgang auch zu kalkulieren.Die notwendige genaue Diskussion möglicher Integrationsformen einschließlich der dabei auftretenden Probleme müssen wir allerdings an einen anderen Ort (REULE(1983) verbannen.

2. Wenden wir uns nun der Existenz und der Variation von Merkmalen zu.Man kann sich leicht vorstellen,daß innerhalb jeder beliebigen Figur Entscheidungsfälle konstruiert werden können,indem man Raumanteile segmentiert und die Segmente anschließend vergleicht.Die erste Abbildung illustriere dies:

Fig.1

Der Vergleich der beiden Segmente S1 und S2 führt - verglichen mit allen restlichen Qualitäten auf dem Blatt Papier - zu einer Relation Aq_0,nämlich zur ganzen Figur.Da jedoch innerhalb dieser Relation mit noch geringerer Toleranz eine weitere Chunkbildung möglich ist,liegt als Bilanz mit allen aktuellen Toleranzen eine Ä h n l i c h k e i t s r e l a t i o n m i t A b w e i c h u n g, bzw. eine Qualität mit Subqualitäten als "Merkmalen" im traditionellen Sinn vor.Der Begriff des Merkmals ist damit identisch mit dem der Veränderung.

Man kann sich weiter leicht vorstellen,daß eine Qualität wie die aus dem Segment S1 mit unterschiedlichen Qualitäten verglichen auch unterschiedliche Abweichungen produziert.So gesehen sind Merkmale nichts weiter als Abfallprodukte aus Integrationsprozessen.

3. Betrachten wir den S i n n. Zur Sinnkonstitution ist prinzipiell nichts weiter nötig,als eine Ausgangsqualität und eine Zusatzqualität derart,daß beide zusammen eine Relation Aq_0 auf-

stellen.Die Zusatzqualität ist in diesem Fall sinnvoll,denn sie paßt.Man kann unübersehbar eine Tendenz nach Sinn feststellen, was nunmehr gleichbedeutend ist mit der Tendenz zu integrieren oder Ähnlichkeitsrelationen aufzustellen.Das altehrwürdige Induktionsproblem ist deshalb reichhaltiger,als bisher angenommen. Es beinhaltet außer der bekannten Rationalitätslücke (wenn man "rational" mit "wahrheitskonservierend" identifiziert) eine G e f o r d e r t h e i t, und stellt - gewöhnlich im befremdenden Gewande ungleicher Paarungsqualitäten - ein elementares Moment im sprachlichen Diskurs dar.Ein visuelles Beispiel veranschauliche die Sinnkonstitution:

Fig. 2

Eine sinnlose Qualität $\vec{a}$ trifft auf die Ausgangsqualität $\vec{b}$ und ermöglicht $\vec{c}$ so,daß eine Relation Aq_o entsteht.Diese Relation besteht zwischen $\vec{c}$ und dem internalisierten Prototypen eines Menschenkopfes.Dadurch erhält $\vec{a}$ Sinn.

Gleich der Tendenz,Ähnlichkeitsrelationen zu erzeugen,beobachten wir die Tendenz zur Veränderung,einen Hunger auf das Neue, um der Langeweile zu begegnen und Trivialitäten zu vermeiden. Der Zielzustand einer bewußtseinsfähigen Urteilsfunktion,wie wir sie kennen,ist daher vorläufig mit der Kontradiktion $Aq_o \& \overline{Aq}_o$ zu charakterisieren,d.h. mit der Realisierung beider relationeller Antagonisten.

4. Nun zur Lenkung der fokalen Aufmerksamkeit im Integrationsprozeß.Am Beispiel der Merkmalskonstitution ist leicht ersichtlich,daß jede Veränderung attentional fokusiert wird.Jeder,der außerdem jemals mit dem Lösen von Problemen beschäftigt war,weiß, daß eine Qualität,die sinnvoll ist und paßt,die Aufmerksamkeit erregt.Als dritten,attentional fokusierenden Faktor gibt es bekannterweise die emotionale Attraktivität,sei sie positiv oder negativ.Liegt phänomenal eine der Gegebenheiten vor,so wird die fokale Prominenz über die bekannten physiologischen Mechanismen der EEG-Desynchronisation und der Prominenz evozierter Potentiale garantiert.

5. Wir haben nun prinzipiell die Mittel zur Verfügung,mit denen die Struktur der unanalysierten Einheit "Qualität" analysiert werden kann.Eine Qualität (in unserer Vektorschreibweise:der Strukturtyp) ist phänomenal ganz.Ein Ganzes zeichnet sich dadurch aus,daß es über keine Merkmale verfügt.Ein Gebilde ohne Merkmale ist die Relation Aq_0.Es ist deshalb zu fordern,daß Qualitätskomponenten Relationen Aq_0 halten.

Da man annehmen muß,daß jede bewußte Wahrnehmung einer Qualität Aufmerksamkeit (nicht notwendig Aufmerken!) involviert,birgt eine Qualität,die bereits konstituiert ist,ein heikles Problem. Denn sieht man von der emotionalen Attraktivität als Fokusierungsfaktor ab (der attributive Charakter einer Emotion scheint dies zu gestatten),dann liefert gemäß unserer drei attentionalen Prinzipien nur mehr die Veränderung $\overline{Aq}_0$ den Grund hinzusehen. Offensichtlich ist eine Qualität als Relation Aq_0 unterdeterminiert,und man muß erneut fordern,daß die Kontradiktion $Aq_0\&\overline{Aq}_0$ zu gelten habe.Diese Konfiguration haben wir bereits als Zielzustand einer Urteilsfunktion mit Tendenzverhalten charakterisiert. Der Schluß liegt nahe,daß diese Zielzustände selbst wiederum Qualitäten darstellen,als Ausgangselemente für weitere Urteilsoperationen.

Die Kontradiktion muß nicht in jedem Fall der Willkür Tür und Tor öffnen.Es gibt Zustände,die diese Paradoxie als wohldefinierte,kalkulierbare Gebilde erfüllen.Sie haben integrable Komponenten mit einer Veränderung,die umfassend und selbst wieder regelmäßig,also Ähnlichkeiten bildend,organisiert ist.In Anlehnung an den Orthogonalitätsbegriff in der Mathematik kann man solche Konfigurationen als Relationen Aq_0 - o r t h o g o n a l bezeichnen.Solche Konfigurationen sind z.B. Sinuskurven.Gerade an ihnen kann man dem Einwand,es handle sich mit der Rede von der Kontradiktion um eine Äquivokation,denn ähnlich sind einander die Konturen und unähnlich die Richtungen auf einer Dimension, begegnen.Sowohl in einem Universum,das nur die Sinuskurve enthält,als auch mit unseren Mitteln,gibt es keine andere Möglichkeit,die Qualitäten "Kontur" und "Richtung auf einer Dimension" zu erhalten,als über den Vergleich beider Teilabschnitte der

Kurve.Für die nun gilt die Kontradiktion in der Tat.

Eine durchgängig integrable Konfiguration beansprucht umso mehr Aufmerksamkeit,je größer die Zahl ihrer Orthogonalitäten (im hier verwendeten Sinne) ist.Eine solche Konfiguration mit einer großen Zahl an Orthogonalitäten beschreibt mathematisch die Fourier-Transformierte,die - physikalistisch gesprochen - ein Signal in seine Frequenzanteile,d.h. in die Bestandteile,die sich in regelmäßigen Abständen wiederholen,zerlegt.Diese Anteile können deshalb nach unseren Überlegungen in bewußten Zusammenhang gebracht werden.Darüber hinaus existiert innerhalb einer Fourier-Transformierten eine durchgängige Frequenzänderung derart, daß Orthogonalität sowohl in unserem,als auch im mathematischen Sinne vorliegt.In Worten heißt das letztere,daß das Integral des Produktes zweier beliebiger verschiedener Funktionen einer Folge wie

$$1,\sin x,\cos x,\sin 2x,\cos 2x.....\sin nx,\cos nx$$

stets Null ist,wobei immer über das Intervall $(-\pi,\pi)$ integriert wird.

Wie man der neurophysiologischen Diskussion der letzten zehn Jahre entnehmen kann,wächst zusehends die Evidenz dafür,daß die sensorischen Inputsignale im Neocortex strukturell in Fourier-Transformierte zerlegt werden (als Hinweis diene GLEZER et al. (1973)).Eine solche Dekomposition erst komponiert nach der hier vertretenen Auffassung eine Qualität,und damit ein bewußtseinsfähiges Gebilde.

Nun mag es den Leser befremden,daß der mentalistische Begriff der Ähnlichkeit und die aus ihm resultierenden,aus Perzeptionen abstrahierten Operationen,an dieser Stelle direkt auf Neuronenfeuerungen angewendet werden. In der physiologischen Theoriebildung hält man sich bei solchen Mentalismen ja auch die Nase zu und ersetzt die "Ähnlichkeit" durch spezielle Ableitungen der Fourier-Transformation,nämlich die Auto- und Kreuzkorrelation (vgl. UTTAL (1975) und ENGEL et al.(1973)).So zweckmäßig derartige Verfahren in der Theoriebildung sein mögen,die "Ähnlichkeit" kann man damit nicht eliminieren.Wennimmer man eine Auto- oder Kreuzkorrelierte erstellt,geht man regelmäßig vor und setzt den Begriff der Ähnlichkeit voraus.Da sie generell eine Größe ist,die man überall im physikalischen Universum vorfindet und die in jedem Naturgesetz auftaucht,sollten Skrupel vor Mentalismen dieser Art überall gelten oder gar nicht.

Ich halte es nicht für besonders gewagt anzunehmen,daß semantische Entitäten physiologisch wie Perzeptionen aufbereitet sind. Wir haben - so denke ich - gute Aussichten,unsere Vermutung über die Struktur einer Qualität auch dann aufrecht zu erhalten,wenn die Qualität offen-sichtlich keine einander abweichungsfrei ähnlichen Komponenten hat,und selbst dann,wenn sie als Bedeutung offen-sichtlich überhaupt nicht mehr wahrgenommen wird.Der Titel des Aufsatzes war "Bedeutungen als Muster".Ich hoffe,es ist klar geworden,wie sehr die anfangs festgestellte thematische Ambiguität Sinn hat.

Literatur

CARNAP,R. (1928): Der logische Aufbau der Welt. (1974): 4. A. Frankfurt a.M. etc.:Ullstein (=35007)

ENGEL,G.R./DOUGHERTY,W.G./JONES,B.G. (1973): "Correlation and letter recognition". Canadian Journal of Psychology, 27: 317-326

GLEZER,V./IVANOFF,V./TSCHERBACH,T. (1973): "Investigation of complex receptive fields of visual cortex of the cat as spatial frequency filters". Vision Research, 13: 1875-1904

REULE,G.(1983): Bedeutungen als patterns. Berlin: unveröffentlichte Dissertation

UTTAL,W.R. (1975): An autocorrelation theory of form detection. Hillsdale: Lawrence Erlbaum

SYNTAKTISCHE FORMALISMEN IN DER SPIELTHEORETISCHEN SEMANTIK

Klaus Robering

1. Das einzige ausgearbeitete und überzeugende Beispiel für das, was eine 'Gebrauchstheorie der Bedeutung' sein könnte, liegt auf dem Gebiet der Logik: Es sind dies die Theorien von Gentzen, Herbrand und Beth.

Gentzen hat seine Arbeiten nicht nur als Beiträge zum Hilbertschen Programm angesehen, sondern auch, wie D. Prawitz betont, "as a contribution to the general understanding of the structure of proof" (PRAWITZ 1975: 290). Das verdient besondere Aufmerksamkeit von einem Wittgensteinschen Standpunkt aus: Der Gedanke, der Gentzens Kalkülen zugrunde liegt, ist, für jedes logische Zeichen anzugeben, wie ein Satz, in dem es als oberster Funktor agiert, im Sprachspiel des Beweisens gebraucht werden kann, d.h. anzugeben, w i e ein solcher Satz bewiesen werden kann, und w a s aus einem solchen Satz bewiesen werden kann. Wichtig ist hierbei, daß Sätze gemäß ihren syntaktischen Formen durch eine Tätigkeit der zeichenverwendenden Individuen (das Beweisen) ihre Bedeutung zugewiesen bekommen. Zudem sichert die spezielle Form der Gentzen-Regeln die Existenz entsprechender (modelltheoretischer) Interpretationsfunktionen, d.h. die Beziehung zwischen den Sätzen und der (mathematischen) Wirklichkeit wird durch gewisse regelgeleitete Tätigkeiten der Sprachverwender (Sprachspiel des Beweisens) hergestellt.

2. Die angesprochene Verbindung zwischen den Gentzen-Regeln und der modelltheoretischen Wahrheitsdefinition tritt deutlich hervor, wenn man die in der gebräuchlichen Definition der Wahrheit (durch Rekursion über die Komplexität der Sätze) auftretenden Äquivalenzen in ihre "wenn-dann" und "nur wenn-dann" Komponenten aufspaltet. Man gelangt so zu den beiden komplementären Begriffen der 'inductive valuation' und der 'semi-valuation' (PRAWITZ 1975: 292), wobei die Klauseln der inductive valuation der Regelapplikation und die der semi-valuation der Regelinversion entsprechen.

Die Beziehung dieser beiden Begriffe zu dem der Interpretationsfunktion (total valuation; wobei fingiert wird, daß jedes Individuum des zugrundeliegenden Modells einen Namen habe) gestaltet sich wiefolgt: (a) Eine total valuation V ist nichts anderes als die durch ihre Werte für atomare Aussagen induzierte inductive valuation V' (V=V'). (b) Das Problem, zu einem Satz S eine ihn erfüllende total valuation V zu finden, ist äquivalent zu dem, eine ihn erfüllende semi-valuation zu finden.

Von besonderer Wichtigkeit ist noch, daß semi-valuations bei der Bewertung von Sätzen von 'außen nach innen', d.h. von komplexeren Teilen zu einfacheren, fortschreiten.

3. In der spieltheoretischen Semantik werden die beiden in § 2 behandelten Aspekte durch die Abfolge der Spielstellungen und die Festlegung der Berechtigung zur Ausführung eines 'Zuges' dargestellt. Die möglichen Stellungen eines Spiels folgen der Zerlegung eines Satzes von 'außen nach innen' (wie sie eine semi-valuation vornimmt); die Regeln, die einen Spieler zum 'Ziehen' berechtigen, hingegen reflektieren direkt die Regelapplikation im Gentzenkalkül (Dabei kommt der Negation eine besondere Rolle zu, da sie die für die Gentzenkalküle typische Symmetrie der Regeln in die semantischen Spiele einbringt; beim Auftreten eines negierten Satzes wird das Spiel mit dem unnegierten Satz fortgesetzt, wobei allerdings die Spieler ihre Rollen, d.h. ihre Berechtigungen zum 'Ziehen', austauschen).

4. Von Hintikka und seinen Mitarbeitern ist es unternommen worden, eine semantische Theorie für natürliche Sprachen zu entwikkeln, die der oben angedeuteten für formale Sprachen analog ist. Neben den erwähnten bedeutungstheoretischen Motivationen, die sich noch in vielerlei Hinsicht vertiefen lassen, gibt es für ein solches Unterfangen auch eine Reihe deskriptiver Gründe, von denen hier nur drei genannt sein sollen:

- die semantischen Spiele arbeiten einen Satz von 'außen nach innen' ab, wodurch es möglich ist, in den Spielregeln solche semantischen Effekte zu beschreiben, die von der Art der syntaktischen Einbettung abhängig sind (vergl. HINTIKKA (1975)),
- es scheint eine Reihe syntaktisch-semantischer Phänomene (z.B. 'branching quantifiers') in den natürlichen Sprachen zu geben,

die einer einfachen und eleganten Behandlung in der spieltheoretischen Semantik durch naheliegende Verallgemeinerungen (Spiele mit unvollständiger Information) zugänglich sind,

- die semantischen Spiele sind ausweitbar zur Gewinnung von Diskurs- und Textrepräsentationen (vergl. HINTIKKA/CARLSON (1979), VAN BENTHEM/VAN EIJK (1982), KAMP (1981)).

5. Als Beispiele für die Regeln semantischer Spiele für natürliche Sprachen seien aufgeführt (HINTIKKA 1979: 85):

(G.and) When the game has reached a sentence of the form
X and Y
where X and Y are clauses, Nature may choose X or Y, and the game is continued with respect to it.

(G.some) When the game has reached a sentence of the form
X-some Y who Z-W,
a person may be chosen by myself. Let the proper name of that person be 'b'. Then the game is continued with respect to the sentence
X-b-W, b is a Y, and b Z.

Diese Beispiele demonstrieren schon eine wesentliche Schwierigkeit, die eine Übertragung des spieltheoretischen Ansatzes auf die Semantik natürlicher Sprachen zu überwinden hat: Aufgrund der komplexeren syntaktischen Strukturen ist eine adäquate Formulierung der Spielregeln weitaus komplizierter. So sind z.B. (G.and) und (G.some) ohne Hilfe der logisch-semantischen Intuition nicht anwendbar, weil die syntaktische Form der Ausgangssätze und die an den auftretenden Sätzen vorzunehmenden Operationen unterbestimmt sind. Es dürfte klar sein, daß für eine Formulierung adäquater Regeln ein höherer Präzisionsgrad notwendig ist.

6. Vergegenwärtigt man sich das Schema eines Spielbaums (vergl. etwa die Beispiele in dem Sammelband SAARINEN (1979)), so wird klar, welcher Art ein syntaktischer Formalismus sein muß, der zur Bewältigung der in § 5 genannten Schwierigkeiten tauglich ist. Er muß ein Analyseverfahren bereitstellen, welches folgenden Kriterien genügt:

(i) Es zerlegt einen Satz in nicht weiter analysierbare atomare Sätze (Kernsätze).

(ii) Diese Kernsätze werden durch Operationen (auch mehrstellige) zu größeren Einheiten verbunden (verallgemeinerte

Transformationen).

(iii) Die Anwendung der Operationen unterliegt einer speziellen partiellen Ordnung.

(iv) Die auftretenden Einheiten sind sämtlich Einheiten der Oberfläche.

Die Bedingungen (i)-(iv) lassen natürlich sofort den Gedanken an frühe Versionen der TG (deren Abstand zu neueren überraschend gering ist, vergl. PETERS/RITCHIE (1973)) oder an die Harrische Transformationsgrammatik aufkommen. Tatsächlich ist es überraschend, wie nahe die 'decompositional lattices' des Harrisschen Transformationstheorie (vergl. HARRIS 1968: 109-113, SAGER 1981: 206) und die Spielbaumschemata beieinanderliegen.

7. Die semantischen Spiele ähneln Spielen auf Graphen einer gewissen Art (in Spielen auf Graphen treten die Knoten lediglich als Stellungen auf, hier müssen sie von den Spielern zusätzlich mit passenden Individuenfolgen und passenden Folgen möglicher Welten versehen werden). Diese Graphen sind jedoch (im Gegensatz zu den Hasse-Diagrammen der 'decompositional lattices') keine syntaktischen Analysebäume des Satzes der im Etikett des obersten Knotens auftritt.

In den Bäumen der semantischen Spiele treten auch solche Knoten auf, in deren Etiketten Sätze stehen, die nicht in irgend einer vernünftigen Weise als Teilsätze des Satzes am obersten Knoten aufgefaßt werden können. Dies ist auch bei formalen Sprachen so, sobald sie höhere Ausdrucksmittel (z.B. ι- oder ε-Operator) enthalten. Ein weiterer wichtiger Unterschied zu den Harrisschen Analysen liegt natürlich in der Behandlung der Kernsätze. Als 'Kernsätze' werden in den semantischen Spielen nur solche Sätze angesehen, die aus einem Verb und den durch 'Dummies', Eigennamen, sowie bestimmten Pronomina gefüllten Verbvalenzen bestehen. In der Harrisschen Theorie können unbestimmte Artikel (Quantoren) in den Kernsätzen auftreten. Solche Sätze gelten in der spieltheoretischen Semantik als komplex.

8. Obwohl die 'Spielbäume' keine (transformationellen) Analysebäume sind, sind sie aufgrund solcher leicht zu definieren. Die Baumdarstellung eines semantischen Spiels ist, sobald nur eine

Analyse in Kernsätze vorliegt, kein Problem mehr, insbesondere dann nicht, wenn die Analyse gleichzeitig eine passende partielle Ordnung der angewendeten syntaktischen Operationen liefert.

Nun kommen für das transformationelle Parsing zwei Strategien in Frage: (1) Die Analyseverfahren setzen 'direkt', d.h. ohne vorgängige Oberflächenanalyse, beim Eingabesatz an. Solche Verfahren sind von JOSHI (1965) und HIŻ/JOSHI (1967) entwickelt worden. (2) Man unterwirft den Eingabesatz zunächst einer oberflächensyntaktischen Analyse. Dieses Verfahren verfolgen Sager und ihre Mitarbeiter (vergl. SAGER (1981), HOBBS/GRISHMAN (1976)).

Die Motivation, die hinter (2) steht, ist, daß die Oberflächenstrukturen systematische Hinweise auf die transformationelle Ableitung geben: "... our surface trees, whenever practicable, indicate explicitly the transformational source of the sentence", (HOBBS/GRISHMAN 1976: 268).

9. Die Oberflächensyntax, die Sager und ihre Mitarbeiter benutzen, ist eine (Variante einer) Mixed Adjunct Grammar (MAG), eines Grammatikmodells, das auf HARRIS (1962) zurückgeht und von JOSHI/KOSARAJU/YAMADA (1972a), (1972b) formal entwickelt worden ist.

Def.: G ist eine MAG genau dann, wenn es A, S, Σ, Σ_c, Σ_h, Σ_a, Σ_r, J und R gibt, so daß $G = \langle A, S, \Sigma, \Sigma_c, \Sigma_h, \Sigma_a, \Sigma_r, J, R\rangle$ ist, und

(i) A ist ein nicht-leeres, endliches Alphabet,

(ii) $S \varepsilon A$,

(iii) $\Sigma, \Sigma_c, \Sigma_h, \Sigma_a, \Sigma_r \subseteq A^*$, $\Sigma = \Sigma_c \cup \Sigma_h \cup \Sigma_a \cup \Sigma_r$,

(iv) J ist eine Menge von Tripeln der Form $\langle k_i, k_j, \xi\rangle$, wobei

(iv)(a) $k_i \varepsilon \Sigma_h$,

(iv)(b) $k_j \varepsilon \Sigma_a$,

(iv)(c) $\xi = \delta_n$ oder $\xi = \sigma_n$, wobei $n \leq \ell(k_i)$,

(v) R ist eine Menge von Paaren der Form $\langle k_i, k_j\rangle$, wobei

(v)(a) $k_i \varepsilon \Sigma_h$ und $k_j \varepsilon \Sigma_r$,

(v)(b) k_i enthält mindestens ein Vorkommnis des Symbols S.

Die einer MAG zugrunde liegende Idee ist, daß sich die Sätze einer Sprache als nach wenigen grundlegenden Mustern (den central strings, Σ_c) gebildet auffassen lassen, wobei komplexere Strukturen entweder dadurch entstehen, daß die Glieder der central strings durch adjunct strings (Σ_a) nach Adjunktionsregeln (J) erweitert werden, oder daß Deformationen von center strings (replacer strings, Σ_r) Positionen einnehmen (nach bestimmten Einsetzungsregeln, R), die sonst einfachen prälexikalischen Kategorien vorbehalten sind (Satzeinbettung). S ist somit das einzige nicht prälexikalische Symbol aus A (allerdings enthält A auch einige lexikalische Konstanten). 'Lexical insertion' wird durch einen zusätzlichen Regelapparat durchgeführt, wobei die notwendigen Operationen sich aufgrund der einfachen Ableitungsoperationen und einfachen Strukturen aus Σ besonders problemlos gestalten. Natürlich ist es möglich, die Glieder einer adjunct bzw. replacer string wiederum mit Adjunkten zu versehen (bzw. ein S in einer solchen Kette durch einen replacer zu ersetzen); die Gesamtheit der Ketten, die zum Anwendungsbereich irgendeiner Adjunktions- oder Ersetzungsregel gehören, ist Σ_h (die Klasse der host string).

10. Eine Adjunktionsregel $\langle k_i, k_j, \delta_n \rangle$ (bzw. $\langle k_i, k_j, \sigma_n \rangle$) besagt, daß in der host string k_i rechts (bzw. links) vom n-ten Symbolvorkommnis (S-Vorkommnisse nicht eingerechnet) die adjunct string k_j eingefügt werden darf. Eine Ersetzungsregel $\langle k_i, k_j \rangle$ besagt, daß man in der host string k_i Symbolvorkommnisse der Gestalt S (per definitionem enthält k_i mindestens ein S-Vorkommnis) durch eine replacer string der Form k_j ersetzen darf.

Die Art eines Adjunkts ist in den meisten Fällen abhängig vom Kategoriensymbol, das die Adjunktionsstelle bestimmt, daher ist es dann möglich, das Adjunkt als Erweiterung dieses bestimmten Kategoriensymbols anzusehen. Man gelangt so zum Konzept der 'uniformen Adjunktionsregel' (JOSHI/KOSARAJU/YAMADA 1972b: 254). Die Existenz uniformer Regeln vereinfacht eine MAG radikal. Obwohl die Mehrzahl der in einer MAG einer natürlichen Sprache auftretenden Regeln uniform sein werden, gibt es auch Adjunkte, die nicht sinnvoll als Erweiterungen einer prälexikalischen Kategorie aufgefaßt werden können. Die Stellung solcher adjunct strings in ihren host strings ist relativ unbeschränkt. Satzadverbien sind ein typisches Beispiel. Es empfiehlt sich somit, einen weiteren Regeltyp zuzulassen: $\langle k_i, k_j, s_n^{\pm} \rangle$, $n \leq \ell(k_i)$, d.h. k_j wird als 'Satzadjunkt' links (+) bzw. rechts (-) vom n-ten Symbolvorkommnis in k_i (S-Vorkommnisse diesmal eingerechnet) eingefügt (vergl. dazu HIRSCHMAN 1972: 70).

Weiterhin wird es nötig sein, obligatorische von nicht obligatorischen, wiederholbare von nicht-wiederholbaren Adjunkten zu unterscheiden. So hat z.B. das Substantiv im Deutschen einen Determinator (Artikel, Possessivpronomen, etc.) als obligatorisches Adjunkt.

11. Von den von einer MAG erzeugten Strukturen wird man erwarten, daß sie beim transformationellen Parsing hilfreich sind, d.h. aufgrund der in ihnen kodifizierten Informationen soll sich eine transformationelle Ableitung rekonstruieren lassen (die dann wiederum hinreichende Informationen zur Erstellung eines 'Spielbaums' gibt). Eine erfolgversprechende Strategie zur Gewinnung transformationeller Ableitungen ist in JOSHI/KOSARAJU/YAMADA (1972b: 257) bereits aufgezeigt: "... one tries to relate each adjunct to an elementary sentence i.e., one tries to constitute the adjunct and host strings in such a way that the underlying elementary sentence(s) could be reconstructed from them ".

Demnach wird man versuchen, ein transformationelles Grammatikformat folgenden Charakters zu entwerfen: Die Basis ist eine MAG G (tatsächlich werden jedoch auch 'distribuierende Regeln' gebraucht, vergl. JOSHI/KOSARAJU/YAMADA 1972b) mit $\Sigma=\Sigma_c$. Auf den Ableitungsbäumen von G operieren Transformationen, die die in den Etiketten auftretenden Ketten deformieren, und die schließlich den Ableitungsbaum von G in einen Ableitungsbaum einer MAG G' umwandeln. G' ist genau die MAG, die beim transformationellen Parsing als 'Oberflächensyntax' eingesetzt wird.

Transformationsgrammatiken dieser Art sind in JOSHI (1972) entwickelt worden.

12. In JOSHI (1972) werden zwei Transformationstypen zugelassen: α- und β-Transformationen. α-Transformationen sind Deformationen (möglich sind Kombinationen der folgenden Operationen: Umstellung, Löschung, Widerholung, Insertion von Konstanten) von Ketten, die ihr Resultat wiederum als Element aus Σ 'restrukturieren' (für eine genaue Definition vergl. JOSHI 1972: 336). Als

Beispiel mag die Passiv-Transformation gelten:

a t b c z V $\xrightarrow{\tau_\alpha}$ c t b von a z V werd-
a hat b c übergeben. ⟶ c ist b von a übergeben worden.

Umstrukturierung:

c	t	b	von	a	z	V	werd-
↕	↕	↕	↕		↕	↕	
a	t	b	ξ		z	V	$\xi \varepsilon \{\delta_3, \sigma_4, s_3^-, s_4^+\}$

Das Verfahren, Teile der umzustrukturierenden Kette auf Adjunktionsstellen des als 'Muster' dienenden Elements von Σ abzubilden, weicht von JOSHI (1972) ab; es ist von HIRSCHMAN (1972: 175) entwickelt worden. Die Restrukturierung gestattet es, Transformationen, die zunächst nur für die Kernsätze definiert werden, auch auf abgeleitete Sätze anzuwenden. Dies löst hier das Problem der Regelordnung (Das Verfahren beruht auf einer Idee von Harris, z.B. HARRIS 1968: 88-92).

13. β-Transformationen bilden ganze Regeln der Basis-MAG auf sog. 'Pseudoregeln' ab (s. JOSHI 1972: 338). Da ich β-Transformationen dazu benützen möchte Ns in die Positionen der 'Dummies' einzuführen, ist hier eine kleine Abweichung von JOSHI (1972) notwendig: Eine β-Transformation soll eine Regel $<k_i, k_j, \xi>$ auf eine Pseudoregel $<k_i', (k_j'), (\xi)>$ abbilden, Dabei sind k_i' und k_j' Deformationen von k_i bzw. k_j; die Einklammerung bedeutet, daß k_j' in Teile aufgespalten werden kann,und diese dann an verschiedenen Stellen von k_i' eingefügt werden. (ξ) ist dementsprechend nicht mehr eine einfache Adjunktionsstelle sondern eine Folge von solchen: ein Adjunktionsvektor (Die Pseudoregel hat dann die Form einer distribuierenden Adjunktionsregel). Die einzigen Deformationen, die für die host string k_i zugelassen sein sollen, bestehen darin, 'Dummies' a,b,c,... durch (Na), (Nb), (Nc), ... zu ersetzen. Also z.B.:

a t INART N sein: a ist ein Mann
|
a t b z V: a hat b weggenommen

$\xrightarrow{\tau_\beta}$

INART: ein
|
(Na) t b z V: Ein Mann hat b weggenommen

Die Beibehaltung der 'Dummies' stellt einen Kniff dar, der dem 'Indexing' der Binding Theory entspricht. Dadurch daß in den β-Transformationen (wie sie hier eingeführt worden sind) Deformationen der host string zugelassen werden, wird es notwendig, auch hier Restrukturierungen einzuführen: Natürlich soll k'_i als k_i restrukturiert werden (Die β-Transformationen der Basis-MAG fügen die Adjunkte als 'eingeklammerte' Bestandteile in die host string ein; die am unteren Knoten des vorigen Beispiels abgeleitete Kette lautete somit vollständig: (a ist ein Mann) a hat b weggenommen; die β-Transformationen gliedern die geklammerten Bestandteile 'oberflächenkonform' ein).

14. Neben α- und β-Transformationen können noch weitere Transformationstypen erforderlich werden. Einer dieser Typen enthält die von HIRSCHMAN (1972: 183) eingeführten γ-Transformationen. Sie ähneln den β-Transformationen (für R-Regeln, in § 13 wurden ja nur J-Regeln behandelt), vertauschen jedoch die Rollen von host und replacer string so, daß an der Oberfläche die host string als Adjunkt der replacer string auftaucht, und zwar typischerweise als 'Satzadjunkt', d.h. γ-Transformationen bilden Ersetzungsregeln $\langle k_i, k_j \rangle$ auf Pseudoregeln der Form $\langle k_j, k'_i, s_n^{\pm} \rangle$ ab, z.B.

a t b z V: a hat b eingeladen		t c z V: hofft c
|	$\xrightarrow[\tau_\gamma]{}$	|
c t z V S: c hofft: a hat b eingeladen		a t b z V: a hat, hofft c, b eingeladen

Der Begriff der transformationellen Ableitung wird so aufgefaßt, daß eine Kette, wenn sie Transformationen unterworfen wird, sämtliche ihrer Adjunkte und Ersetzerketten 'mitnimmt'. Dies macht wiederum notwendig, daß es Transformationen gibt, die es erlauben, Adjunkte einer host string, die durch Anwendung einer γ-Transformation zu einer (pseudo) adjunct string geworden ist, in die neue host string einzubetten. D.h. ein Adjunkt muß durch diesen Transformationstyp in eine 'pseudo ancestral host string' eingeführt werden (Der Fall für eine 'ancestral host string' ist schon in JOSHI (1972: 338) berücksichtigt).

15. Der Begriff der transformationellen Ableitungen ist nicht

ganz einfach zu definieren, man verleiche hierzu die Arbeiten von JOSHI (1972) und HIRSCHMAN (1972). Es sei nun angenommen, eine betreffende Festlegung sei getroffen worden und eine transformationelle Ableitung eines Satzes S läge vor: Wie müßte ein Algorithmus A verfahren, der aus der Ableitung den Spielbaum konstruiert?

Der Algorithmus A beginnt mit dem letzten ('Oberflächen'-) Baum der Ableitung, indem er dessen Wurzeletikett auch in das Etikett der Wurzel des Spielbaums aufnimmt. Der Ableitungsbegriff ist nun so angelegt, daß die Wurzel des 'Oberflächenbaums' das Resultat der letzten Regelanwendung war. Dabei sind vier Fälle möglich: (1) Die letzte Regelanwendung war eine α-Transformation. Diese haben nur das Etikett eines einzigen Knotens zur Prämisse. Dieses Etikett ist selbst ein wohlgeformter Satz, A setzt ihn dann in das Etikett des (einzigen) Tochterknotens des bereits gesetzten Knotens. (2) Die letzte Regelanwendung war eine β-Transformation einer Adjunktionsregel oder eine δ-Transformation (d.h. es wird ein Adjunkt oder 'Pseudo'-Adjunkt eingeführt), dann betrifft die Regelanwendung noch mindestens einen weiteren Knoten (bei distribuierenden Regeln können auch mehrere Knoten betroffen sein). An den betroffenen Knoten stehen wiederum wohlgeformte Sätze, die A in die Etiketten der Tochterknoten des zuletzt gesetzten Knotens setzt. (3) Die letzte Regelanwendung war eine β-Transformation einer Ersetzungsregel. Dann ist die replacer string ein wohlgeformter Satz und wird von A in das Etikett des (einzigen) Tochterknotens des zuletzt gesetzten Knotens gesetzt. (4) Die letzte Regelanwendung war eine γ-Transformation. Dann setzt A das Etikett des 'Prämissen-Knotens' in das Etikett des (einzigen) Tochterknotens des zuletzt gesetzten Knotens.

Dieses Verfahren wiederholt A für die Knoten höheren Ranges (in einer 'rechts-links'-Reihenfolge). Es können dabei wohlgeformte Ketten eingeklammerte Bestandteile (s.o.) aufweisen, die aber entweder von A bereits abgearbeitet sind, oder im laufenden Arbeitsgang abgearbeitet werden; sie sind daher zu ignorieren.

Die hier skizzierte Transformationsgrammatik und der auf sie aufbauenden Algorithmus müssen natürlich exakt ausgearbeitet werden; aber es scheint, daß man mit ihnen auf der richtigen Spur ist.

Literatur

VAN BENTHEM, Johan / VAN EIJK, Jan (1982): "The dynamics of interpretation". Journal of Semantics 1: 3-20.

GENTZEN, Gerhard (1934): "Untersuchungen über das logische Schließen". Mathematische Zeitschrift 39: 176-210 und 405-431. - Unveränderter reprografischer Nachdruck. Darmstadt: Wissenschaftliche Buchgesellschaft 1974.

HARRIS, Zellig S. (1962): String analysis of sentence structure. The Hague etc.: Mouton.

--- (1968): Mathematical structures of language. New York etc.: Wiley. - Reprinted. Huntington etc.: Krieger 1979.

HINTIKKA, Jaako J. K. (1975): "On the limitation of generative grammar". Proceedings of the Scandinavian seminar on philosophy of language, Uppsala, Nov. 8.-9., 1974. I. Uppsala: Filosofiska Studier: 1-92.

--- (1979): "Quantifiers in natural language: Some logical problems". Sec. 1-9. HINTIKKA, J. J. K. / NIINILUOTO, I. / SAARINEN, E. (eds.): Essays on mathematical and philosophical logic. Dordrecht: Reidel: 295-314. - Sect. 10-19. Linguistics and Philosophy 1: 153-172. - Alle Teile wieder in: SAARINEN (ed.): 81-118.

HINTIKKA, Jaako J. K. / CARLSON, Lauri (1979): "Conditionals, generic quantifiers, and other applications of subgames". MARGALIT, Avishai (ed.) (1979): Meaning and use. Dordrecht: Reidel: 57-92. - Wieder in: SAARINEN (ed.): 179-214.

HIRSCHMAN, Lynette (1972): Formalisms for transformational grammars: A comparative study, with special reference to quantifiers and adverbs. Ph. D. dissertation. University of Pennsylvania. Philadelphia.

HIŻ, Danuta / JOSHI, Aravind K. (1967): A simple description of an algorithm for transformational analysis of English sentences. 2ème conférence international sur le traitment automatique de langues. Grenoble 23-25 août 1967. Paper 8.

HOBBS, Jerry / GRISHMAN, Ralph (1976): "The automatic transformational analysis of english sentences: An implementation". International Journal of Computer Mathematics (Sect. A) 5: 267-283.

JOSHI, Aravind K. (1965): String representation for transformations and a decomposition procedure. I. Transformation and discourse analysis papers 58. University of Pennsylvania. Philadelphia.

--- (1972): "A class of transformational grammars". GROSS, M. / HALLE, M. / SCHÜTZENBERGER, M. P. (eds.): Formal language analysis. The Hague etc.: Mouton: 329-361-

JOSHI, Aravind K. / KOSARAJU, S. R. / YAMADA, H. M. (1972a): "String adjunct grammars. I. Local and distributed adjunction". Information and Control 21: 93-116.

--- (1972b): "String adjunct grammars. II. Equational representation, null symbols, and linguistic relevance". Information and Control 21: 235-260.

KAMP, Hans (1981): "A theory of truth and semantic representation". GROENENDIJK, J. A. G. / JANSSEN, T. M. V. / STOKHOF, M. B. J. (eds.): Formal methods in the study of language. I. Amsterdam: Mathematisch Centrum: 277-322.

PETERS, P. Stanley / RITCHIE, R. W. (1973): "Nonfiltering and local filtering transformational grammars". HINTIKKA, J. J. K. / MORAVCSIK, J. / SUPPES, P. (eds.): Approaches to natural language. Dordrecht: Reidel: 180-194.

PRAWITZ, Dag (1975): "Comments on Gentzen-type procedures and the classical notion of truth". DILLER, J. / Müller, G. H. (eds.): ISILC. Proof theory symposion. Proceedings of the International Summer Institute and Logic Colloquium, Kiel 1974. Dedicated to Kurt Schütte on the occasion of his 65th birthday. Berlin etc.: Springer: 290-319.

SAARINEN, Esa (ed.) (1979): Game-theoretical semantics. Dordrecht: Reidel.

SAGER, Naomi (1981): Natural language information processing. A computer grammar of English and its applications. Reading, Ma. etc.: Addison-Wesley.

DAS MITTEILUNGSZIEL ALS FAKTOR BEI DER WAHL KONNEKTIVER RELATIONEN UND AUSDRÜCKE

Elisabeth Rudolph

In diesem Beitrag beschäftige ich mich mit der Frage, wie der Sprecher mit konnektiven Relationen und Ausdrücken umgeht und welcher Einfluß dabei dem Mitteilungsziel zuzuschreiben ist, das und so weit es sich aus dem Kontext entnehmen läßt. In einem allgemeinen Teil gebe ich zunächst einen Überblick über konnektive Relationen und Ausdrücke. In einem zweiten spezielleren Teil diskutiere ich unter Beachtung des Mitteilungsziels an einigen Beispielen die Behauptung, die konsekutive Relation könne als die "inverse Relation" der Kausalrelationen betrachtet werden.

1. Konnektive Relationen und Ausdrücke

Konnektive Relationen betrachte ich hier als mentale Repräsentationen von komplexen Sachverhalten oder Konfigurationen von Sachverhalten. Die Manifestation dieser konnektiven Relationen im Text als einer spezifischen Äußerung oder Äußerungssequenz bedient sich in ihrer normalen expliziten Form der konnektiven Ausdrücke, die ich abgekürzt auch Konnektive nenne. Konnektive bezeichnen Präpositionen, Konjunktionen und andere Verknüpfungsmittel an der Oberfläche. Konnektive Relationen und Ausdrücke sind also wie zwei Seiten einer Münze: die konnektiven Ausdrücke im Satzgefüge oder im Text verweisen auf die mentalen konnektiven Relationen, und diese wiederum bedürfen zu ihrer expliziten Manifestation der konnektiven Ausdrücke. Es gibt - seltener - auch eine nicht explizite Manifestation, z.B asyndetische Koordination mit kausaler Interpretationsmöglichkeit, die ich hier aber nicht betrachte.

Die Hauptfunktion konnektiver Ausdrücke besteht darin anzuzeigen, daß eine konnektive Relation zwischen zwei Propositionen vorliegt. Hierbei drückt die Folge zweier Propositionen A und B einen neuen Gedanken A-rel-B aus, der auf einer anderen Ebene steht als die isolierten Propositionen vorher, aber wiederum in einer Proposition ausgedrückt werden kann. Wenn die isolierten

Propositionen Sachverhalte anzeigen, so zeigt die komplexe Proposition A-rel-B einen Gedanken über Sachverhalte an. In solchen Fällen wird meist als Beispiel eine kausale Relation gewählt:

(1) Die Kinder freuen sich, weil der Vater ihnen Äpfel geschenkt hat. (Erben 1968)

Das Satzgefüge (1) wird meist als Relation mit einem höheren Prädikat CAUS dargestellt, wofür es verschiedene Methoden gibt, von denen die bekannteste "CAUS (p, q)" ist. Dies zeigt, daß dem Satzgefüge (1) generell ein zusätzlicher semantischer Wert zugesprochen wird, den seine Glieder nicht haben. Ob allerdings dieser semantische Wert an den konnektiven Ausdruck "weil" gekoppelt werden kann, bleibt vorerst eine offene Frage.

2. Haltung und Meinung des Sprechers

Verknüpfungen gibt es auf allen möglichen Ebenen der Sprache, wo immer zwei Elemente der Sprache in eine Beziehung miteinander eintreten. In Äußerungen haben diese Elemente - Wortarten - verschiedene Funktionen: sie können sich auf Personen und Gegenstände beziehen, sie können Handlungen, Vorgänge, Zustände, Ereignisse, Situationen beschreiben, sie können Eigenschaften, Quantitäten, Qualitäten anzeigen.

Die Verknüpfung zweier Propositionen, die ihrerseits Ereignisse oder Handlungen anzeigen, nimmt innerhalb der Menge der Verknüpfungen eine besondere Stellung ein, weil zugleich Haltung und Meinung des Sprechers zu den verknüpften Sachverhalten mit angezeigt wird. Diese beiden Seiten der Verknüpfung können so charakterisiert werden:

- - Haltung des Sprechers - -

Wenn der Sprecher zwei Sachverhalte für miteinander verknüpft hält, muß er sich entscheiden, welcher Verknüpfungstyp seiner Vorstellung von dieser Verknüpfung am besten entspricht. Jede Verknüpfung ist an eine andere vorherrschende Idee gebunden. Wenn er seine Äußerung in Übereinstimmung mit seinen Intentionen geplant hat, gibt der Sprecher dadurch einen Anhaltspunkt für die Einschätzung seiner Überzeugungen und Haltungen gegenüber der Struktur der Welt.

- - Meinung des Sprechers - -

Bei einigen Verknüpfungen, z.B. Kontrast und Kausalität, muß sich der Sprecher darüberhinaus noch entscheiden, welche Meinung er zu den verknüpften Sachverhalten hat. Jede Möglichkeit ist in einer anderen Relation repräsentiert. Durch die Wahl einer Möglichkeit innerhalb des Verknüpfungstyps - also der adversativen oder konzessiven Relation im Verknüpfungstyp Kontrast oder aber der konditionalen, finalen, konsekutiven, kausalen Relation im Verknüpfungstyp Kausalität - legt sich der Sprecher gegenüber dem Hörer hinsichtlich seiner Meinung zu den verknüpften Sachverhalten fest

Selbst wenn der Sprecher, psychologisch gesehen, eine eigentlich andere Meinung hat und nur ungeschickt oder unaufmerksam gewesen ist, wird er vom Hörer so verstanden,wie er es mit einer intentionalen Verwendung der gewählten Relation gemeint hätte. Der Sprecher hat die freie Wahl innerhalb der Relationen eines Verknüpfungstyps, aber er ist gezwungen, eine Wahl zu treffen.

Im Zusammenhang mit konnektiven Relationen hat der Sprecher also zweimal die freie Wahl:

- zunächst kann er frei entscheiden, ob er zwei Sachverhalte überhaupt verknüpft sehen will;
- dann aber, wenn er einen Verknüpfungstyp gewählt hat, muß er sich noch einmal entscheiden, wobei er nun die freie Wahl zwischen verschiedenen Relationen hat.

Haltung und Meinung des Sprechers sind auf einer anderen Kommunikationsebene zu finden als die bloße Verknüpfung von Sachverhalten; man kann sie für die höhere halten. Die Verknüpfungsrelation kann also zwei Informationen in hierarchischer Ordnung geben: zuerst über die Haltung des Sprechers (dokumentiert in der Wahl des Verknüpfungstyps), sodann über die Meinung des Sprechers dazu (dokumentiert in der Wahl der Relation). Die konnektiven Relationen sind im Rahmen dieser Hierarchieverknüpfungen zu finden.

3. Die Hierarchieverknüpfung

Für die Verknüpfung zweier Propositionen, die Schverhalte bezeichnen, gibt es eine Reihe von Möglichkeiten, die sich zu Verknüpfungstypen bündeln lassen[1]. Ausgehend von den semantischen Funktionen habe ich mich für vier Typen entschieden[2]. Ich nenne die Propositionen A und B und gebe die Verknüpfungen in einfacher Zeichenkombination an:

A + B Additions-Verknüpfung
A - B Kontrast-Verknüpfung
A , B Zeit-Verknüpfung
A → B Kausalitäts-Verknüpfung

Statt einer Beschreibung der Funktionen möchte ich schlagwortartig einige Punkte festhalten, die zugleich auch die Unterschiede zwischen den einzelnen Verknüpfungstypen angeben.

Die Verknüpfung A + B (Addition) besagt, daß zwei Propositionen A und B eng miteinander verbunden sind, so daß Proposition B Informationen enthält, die in Proposition A nicht gegeben sind. Diese Zusatzinformation aus Proposition B kann verschieden geartet sein, wie sich den verschiedenen Bezeichnungen für diesen Typ entnehmen läßt: Konjunktion, Disjunktion, allg. zusammengehörig, modal, instrumental, begleitender/fehlender Umstand. Dieser Verknüpfungstyp spielt eine besonders wichtige Rolle bei der Textproduktion. Er gibt dem Sprecher die Möglichkeit, den propositionalen Gehalt der Situation entsprechend zu organisieren, ohne zugleich seine eigene Meinung preiszugeben.

Die Verknüpfung A - B (Kontrast) besagt, daß nach Meinung des Sprechers die zwei Propositionen A und B nicht zusammenpassen: Proposition B steht in Kontrast zu Proposition A oder widerspricht dem normalerweise Erwartbaren. Hiermit steht die rhetorische Kraft dieses Verknüpfungstyps in Zusammenhang. Die Kontrast-Verknüpfung eignet sich also besonders dazu, in der direkten kommuniktiven Interaktion Meinungen auszutauschen, ohne daß der Sprecher mit "ich"-Aussagen in den Vordergrund tritt.

Die Verknüpfung A , B (Zeit) besagt, daß es für ein richtiges Verständnis der Information des Textes als Ganzes wichtig ist, die zeitliche Reihenfolge von Proposition A und B zu wissen. Dieser Verknüpfungstyp ist wieder für die Organisation des Textes von besonderem Wert: er befreit den Sprecher von der Notwendigkeit, Handlungen und Ereignisse in genau der Reihenfolge zu berichten, in der sie sich abgespielt haben. Die Zeit-Verknüpfung ist sachverhaltsbezogen und eignet sich daher weniger dazu, der Meinung des Sprechers Ausdruck zu verleihen.

Die Verknüpfung A → B (Kausalität) besagt, daß die Meinung des Sprechers über einen bestimmten Kausalzusammenhang zwischen den Propositionen A und B für das Verständnis des Textes als Kommunikationseinheit wichtig ist. Die von den Propositionen A und B bezeichneten Sachverhalte können weiterhin isoliert sein und brauchen keine nähere Beziehung zum Sprecher als Person zu haben. Die Kausalverknüpfung ist dennoch ausgesprochen sprecherbezogen: es geht um seine Meinung zu den Sachverhalten. Durch die kausale Verbindung von Proposition A und B gibt der Sprecher eine Erklärung darüber, wie die Welt nach seiner Meinung organisiert ist. Die Kausalitäts-Verknüpfung ist besonders geeignet für argumentative Diskurse und psychologische Überlegungen.

Funktionen, Gebrauchsbedingungen, Anwendungsmöglichkeiten der Relationen sind weitaus vielseitiger als es die meist knappen Bemerkungen in Grammatiken vermuten lassen; mit Recht werden ganze Bücher darüber geschrieben. Die Unergiebigkeit von Grammatiken beruht sicher darauf, daß es sich um satzübergreifende Phänomene handelt, für die sich sehr viele Grammatiktheorien überhaupt nicht interessieren. In Vorträgen und Aufsätzen können andererseits immer nur Ausschnitte zur Sprache kommen.

Der Ausschnitt, mit dem ich mich jetzt beschäftigen möchte, ist das Mitteilungsziel und die Frage, wie weit die Wahl einer bestimmten Relation innerhalb des kausalen Verknüpfungstyps vom Mitteilungsziel gelenkt bzw. beeinflußt wird.

4. Das Mitteilungsziel

Betrachtet man einmal die Menge von Ausdrücken, die für jede einzelne Relation zur Verfügung stehen[3], so drängt sich fast von selbst die Frage auf, welchen Gebrauch die Sprecher davon machen. Außerdem gibt es noch besondere Beziehungen der einzelnen Relationen untereinander, die von Grammatikern und Linguisten in Bedeutungsanalysen oder Synonymentests herangezogen werden. Das Verfahren ist als Austausch- oder Substitutions-Methode bekannt. Das Ziel dieser Methode besteht darin zu beweisen, daß der

Sprecher, wiewohl er sich unterschiedlicher Ausdrücke bediente, dennoch dasselbe gemeint hat.

Ich frage dagegen: warum sagt der Sprecher verschiedenes, wenn er dasselbe meint?

Antwort: (1) Ihm ist nichts besseres eingefallen;
(2) er bemüht sich um stilistische Variation;
(3) er meint auch etwas anderes, wenngleich nicht sehr entferntes.

Mich interessiert hier nur die letzte Antwort. Ich möchte sie im Zusammenhang mit dem Mitteilungsziel an einigen Beispielen mit kausalen und konsekutiven Relationen erläutern.

In linguistischen Publikationen und Grammatiken werden konsekutive und kausale Relationen oft als "Umkehrungen" voneinander dargestellt (EGGERS 1970, BOETTCHER 1972: 84), oder die Konsekutivrelation wird als die "inverse Relation" der speziellen Kausalrelation betrachtet (Grundzüge 1981: 802). Ich zitiere von Boettcher:

(2) Zum Schluß sang er sogar ein Wiegenlied, <u>so daß</u> die Zuhörer zu lachen begannen.
(3) <u>Da</u> er zum Schluß sogar ein Wiegenlied sang, begannen die Zuhörer zu lachen.

Bei solchen aus dem Textzusammenhang herausgegriffenen Beispielen (möglicherweise hat hier gar kein Text vorgelegen) läßt sich nicht sofort erkennen, daß bei der Wahl von (2) oder (3) ein jeweils anderes Mitteilungsziel entweder vorliegt, oder aber vom Hörer angenommen wird.

Wegen der Kohärenz innerhalb von Texten kann das Mitteilungsziel aus der jeweiligen Fortsetzung des Textes erschlossen werden. Diese könnte für (2) so lauten:

(2a) In der allgemeinen Heiterkeit konnte er sich unbemerkt entfernen.

Für (3) dagegen müßte sich eine Fortsetzung mit den Zuhörern beschäftigen, also etwa:

(3a) Einige standen empört auf, andere dagegen pfiffen und johlten.

5. Diskussion kausaler Beispiele

Im folgenden möchte ich an einigen Beispielen aus Texten zeigen, was für einen Einfluß das Mitteilungsziel auf die Wahl einer bestimmten Relation hat. Ich beschränke mich dabei auf Äußerungen mit kausalem "weil" und zeige die Problematik der Substitution durch konsekutives "so daß", diskutiere also nicht die Verhältnisse mit anderen Konnektiven.

(4) Die Mühlen des Leidens mahlen langsam und hygienisch, ohne Trennung der Geschlechter, es werden bunte Hefte dazu gereicht. Einmal gibt es mitten in der Nacht ein Sterben, Leute, die wie Angehörige aussehen, laufen in Gruppen durch die Türspälte, sie fallen auf, weil sie angezogen sind, sonst kennt man hier keinen Kostümzwang mehr. Die Leidenden zeigen sich tagsüber lax verhüllt in den Gängen, ... (Muschg 150)

Das "weil"-Gefüge ist in (4) sehr kurz und mit dem übrigen Text eng verbunden. Das Mitteilungsziel ist der an der Kleidung erkennbare Gegensatz von Leidenden und Angehörigen. Dies würde bei "... sie sind angezogen, so daß sie auffallen, ..." verwischt, und man würde erwarten, daß nun das Interesse von den Leidenden zu den Angehörigen überwechselt. Dem widerspricht aber der weitere Text.

(5) Häkeln Sie etwas Schönes?
Ach Gott. - Sie erläutert, daß sie nur zum Spaß häkelt. Ein Muster aus dem französischen 14. Jahrhundert. Sie läßt sich das Garn dazu aus der Auvergne kommen. Dann schämt sie sich wieder, weil ihr Patient die echten Farben ja nicht sehen kann. (Muschg 144)

Dieser Ausschnitt aus einem Gespräch zwischen einem Augenoperierten und der Nachtschwester zeigt nebeneinander direkte und erzählte Rede, an die sich das "weil"-Gefüge anschließt, ganz auf der Ebene der Erzählung stehend. Das Mitteilungsziel ist in diesem kurzen Ausschnitt eine Schilderung der Nachtschwester und ihrer Empfindungen. Der Patient ist nicht ausgeblendet, aber er ist in den Hintergrund gerückt. Bei einem Wechsel zu einem Konsekutivgefüge wie "Ihr Patient kann die echten Farben nicht sehen, so daß sie sich schämt" würde er aber entgegen dem offenbaren Mitteilungsziel hervortreten. Außerdem würde die Kohärenz empfindlich gestört, denn das einleitende "dann" müßte bei einem Wechsel ja fortfallen.

(6) So gut wurde Ihre Arbeit, diese Qualitätsarbeit, daß die Arbeit sozusagen hinter der Qualität verschwand, die dann eben ein patriotischer, ein menschlicher Wert wurde. Die Marxisten würden da einfach von Wert spre-

> chen. Und so überhand nahm dieser Wert, daß Sie mit der Arbeit, die einen Wert ja stützen muß, allein gar nicht mehr nachkamen. Vor allem die gewöhnliche, entschuldigen Sie, die schmutzige Arbeit kam zu kurz, weil Sie vielleicht etwas ausschließlich mit der Wertschöpfung als solcher beschäftigt waren. Und da schmutzige Arbeit leider auch sein muß, oft hängt ja gerade an solchen Details die Qualität, mußten eben Kräfte her, Arbeitskräfte, welche den gewaltig gewordenen Unterbau unter all Ihrem Wert unterhielten, untermauerten, sozusagen. (Muschg 145)

Ich habe hier absichtlich ein etwas längeres Stück zitiert, weil sich zweierlei daran demonstrieren läßt. Zum einen erscheint der Wechsel von einem Gefüge zum anderen in einem solchen argumentativen Zusammenhang leichter als in erzählenden Passagen: ein "so daß"-Gefüge würde vielleicht nicht sehr stören. Zum anderen aber ist gerade in einer längeren Argumentation - und da hätte ich noch viel mehr zitieren müssen, um das vorzuführen - die Abfolge der einzelnen Argumentationsschritte für den persuasiven Wert mit bestimmend und die Drehung der Argumentationsspirale verlangt einfach das Nebeneinander verschiedener Gefüge. Das Ziel des Sprechers von (6) ist nicht so sehr ein Mitteilungsziel im engeren Sinn, sondern wie in jeder Argumentation die Überzeugung des Gesprächspartners. Die Logik der Argumentation verlangt dazu, daß sich die einzelnen Gedanken auseinander entwickeln unter Wahrung der verständnissichernden Kohärenz. Diese ist in (6) durch die Wiederholung das Lexems "Arbeit" gegeben, die aber bei einem Wechsel zum "so daß"-Gefüge an Deutlichkeit verlieren würde.

6. Diskussion konsekutiver Beispiele

Der Wechsel von "so daß"- zu "weil"-Gefügen erscheint etwas weniger problematisch, weil Stellungsfragen keine Rolle zu spielen scheinen, ist doch im "weil"-Gefüge die Stellung der beiden Teilsätze grundsätzlich frei. Es zeigt sich aber auch hier, daß das Mitteilungsziel bei einem Wechsel offenbar nicht mehr dasselbe ist. Das hängt mit der Gewichtsverteilung und dem Interessenschwerpunkt zusammen, die in beiden Gefügen die Proposition des Hauptsatzes hervortreten lassen.

> (7) Nach einigem Auffordern und Bitten gelang es dann dem Fräulein Rosalie vom Trisselberg, den jungen Mann dazu zubringen, auf seinem Instrument, das ihm an einem bunten Band über den Rücken hing, einer kleinen Fiedel so-

> zusagen, aufzuspielen. Die Melodien, die dabei erklangen, waren zuerst von schwermütiger Eintönigkeit, so daß Sophie beinahe in Trance geriet, und ihr war, als hätte sie noch nie Musik gehört, die eine solche Faszination bewirkte. Da wurde die Tonabfolge mit einenmal rascher, und schon erhob man sich, um zu tanzen, beinahe unfreiwillig, wie es schien. (Frischmuth 90)

Das "so daß"-Gefüge ist in diesen Text verklammert, nach vorn und hinten angebunden, durch "Melodie" und "aufspielen" einerseits und "Musik" und "Tonabfolge" andererseits. Nun brauchte diese Bindung beim Wechsel zu einem "weil"-Gefüge nicht unterbrochen zu werden:

(7a) ... aufzuspielen. Weil die Melodien, die dabei erklangen, zuerst von schwermütiger Eintönigkeit waren, geriet Sophie beinahe in Trance, und ihr war, als hätte ...

Trotzdem ist der Tenor etwas anders, denn das Mitteilungsziel ist nicht eine Aussage über Sophie, sondern über die Musik, wie aus dem weiteren Text ersichtlich. In (7) wird die Qualität der Melodien geschildert, und dem ordnet sich der "so daß"-Satz unter, bevor mit dem "und"- Satz der Interessenschwerpunkt von der Melodie auf die Hörende übergeht. In (7a) dagegen hat das Interesse überhaupt nicht bei der Melodie verweilt.

(8) Es war an einem Tage wie diesem gewesen, und die Sonne hatte ihr in die Augen geschienen, bis sie der Stärke des Lichtes nicht mehr standhalten konnte und aufs Wasser blickte, in dessen kleinen Wellen sich das Licht erst recht verfing, so daß sie die Augen schließen mußte, wobei zwei unbeabsichtigte Tränen sich lösten. (Frischmuth 43)

Auch hier ist, ähnlich wie in (7) ein Austausch der Gefüge nicht problematisch, jedenfalls nicht vom syntaktischen Standpunkt aus:

(8a) Es war an einem Tage wie diesem gewesen, und die Sonne hatte ihr in die Augen geschienen, bis sie der Stärke des Lichtes nicht mehr standhalten konnte und aufs Wasser blickte, und weil sich in dessen kleinen Wellen das Licht erst recht verfing, mußte sie die Augen schließen ...

In diesem Fall ist bei gleichbleibender Stellung ein Einschub von "und" vor dem "weil" unbedingt erforderlich. Möglich wäre auch daß der "weil"-Satz statt dessen mit der Formulierung "weil sich aber" beginnt, die ebenfalls deutlich macht, daß der "weil"-Satz nicht auf die vorhergehende Sequenz bezogen ist.

Ganz ähnlich wie bei (7) ist auch bei (8) die Gewichtsverteilung verschieden, je nachdem ob ein "weil"- oder ein "so daß"-Gefüge gewählt wird. Mit einem "weil"-Satz ist auch in (8) nicht zu vermeiden, daß die mit "sie" bezeichnete Person im Interessenmittelpunkt steht. Damit ist der doch wohl beabsichtigte Wechsel des Blickpunktes von Naturerscheinung auf Person und wieder auf Natur und wieder auf Person nur möglich, wenn das "so daß"-Gefüge beibehalten wird.

(9) Bei Einbruch der Dunkelheit machte Amaryllis Sternwieser sich in Begleitung des beinah erwachsenen scheinenden Max Ferdinand auf den Weg. Leichtfüßig schritt sie durch das Schneetreiben, und es war, als ginge von ihr selbst eine Art Leuchten aus, so daß sie genau wußte, wohin den Fuß setzen, und das, obwohl sie tief ins Gebirge zog. (Frischmuth 102)

(9) ist ein kleiner in sich geschlossener Absatz, der kaum große Kontextabhängigkeit zeigt, denn es spielt für das Verständnis keine Rolle, ob man die Namen kennt und weiß, daß Amaryllis Sternwieser eine Fee und Max Ferdinahd ihr Dackel ist, oder ob man meint, es sei von einer Frau und einem jungen Mann die Rede. Trotzdem will mir hier eine Umwandlung in ein "weil"- Gefüge unmöglich scheinen:

(9a) Leichtfüßig schritt sie durch das Schneetreiben, und weil es war, als ginge von ihr selbst eine Art Leuchten aus, wußte sie genau, wohin den Fuß setzen...

Dies hängt wahrscheinlich mit der durch "es war als + Konj." ausgedrückten Vermutung zusammen, denn wenn man sie wegläßt, ergeben sich keine Schwierigkeiten:

(9b) Leichtfüßig schritt sie durch das Schneetreiben, und weil von ihr selbst eine Art Leuchten ausging, wußte sie genau, wohin den Fuß setzen ...

Nur ist dann etwas ganz anderes überhaupt gesagt, was nicht mehr als zwar formal anders ausgedrückter, aber sonst gleichgebliebener Inhalt einzustufen ist. In (9) ist ganz deutlich nicht nur das Gewicht der Aussage, sondern tatsächlich das Mitteilungsziel entscheidend für die Wahl des Gefüges: Wenn das Leuchten der Fee als geheimnisvoll erscheinen soll, darf es nicht als Tatsache dargestellt werden.

Anmerkungen

1 Über die Anzahl der Verknüpfungstypen und die Zuordnung der einzelnen Relationen zu den Typen gibt es in der Literatur keine einheitliche Meinung. Grammatische Aspekte wie die Unterscheidung nach Hauptsatz und Nebensatz werden auch in semantischen Klassifikationen berücksichtigt (Grundzüge 1981: 779), oder es wird die Ordnung nach den Teilen des einfachen Satzes beibehalten (Duden).

2 In RUDOLPH (1982b: 171 f.) habe ich die vier Typen in derselben Reihenfolge "Gruppen" genannt, "die Begleitendes, Abgrenzendes, Temporales und Kausales bezeichnen können". Eine ähnliche Einteilung in vier Klassen findet sich bei MEYER (1975: 47 ff.); die Reihenfolge ist genau umgekehrt, die Benennungen sind anders, gemeint ist dasselbe: "1) Gesetzesrelationen, 2) Raum-Zeitrelationen, 3) Kontrastrelationen, 4) Deskriptionsrelationen". FRITSCHE (1982: 44 ff.) kommt zu einer Einteilung in fünf Klassen, hat aber "daß", "ob" und Temporales seiner Konzeption entsprechend nicht betrachtet.

3 Tabelle der wichtigsten Ausdrücke im Deutschen für die Relationen im Typ Kausalitäts-Verknüpfung:

kausal	denn, weil, da, zumal, wegen, aus, vor, doch, ja, nämlich
konsekutiv	so daß, so...daß, daß
konditional	wenn, falls, sofern
final	damit, daß, um zu

4 Die Methode wird in der linguistischen Literatur und ebenso in Grammatiken zur Demonstration von Restriktionen und Bedeutungsähnlichkeiten angewendet. Das Verfahren dient dann zur Abgrenzung des Bedeutungsumfanges von verschiedenen Konnektiven derselben Relation oder andererseits zur Verdeutlichung der Ausdrucksmöglichkeiten beim Wechsel von einer Relation zu einer anderen.

Literatur

BOETTCHER, Wolfgang (1972): Studien zum zusammengesetzten Satz. Frankfurt: Athenäum.

EGGERS, Hans (1970): "Sind Konsekutivsätze Gliedsätze?". Studien zur Syntax des heutigen Deutsch. Düsseldorf: Schwann. 85-96.

ERBEN, Johannes (1968): Deutsche Grammatik. Ein Leitfaden. Frankfurt am Main: Fischer Taschenbuch.

FRISCHMUTH, Barbara (1979): Die Mystifikationen der Sophie Silber. München: dtv.

FRITSCHE, Johannes (1982) (ed.): Konnektivausdrücke . Konnektiveinheiten. Hamburg: Buske.

--- (1982): "Zum Gegenstandsbereich einer Untersuchung deutscher Konnektive". FRITSCHE (ed.): 25-99.

Grundzüge einer deutschen Grammatik (1981). Von einem Autorenkollektiv unter der Leitung von Karl Erich Heidolph, Walter Flämig und Wolfgang Motsch. Berlin: Akademie-Verlag.

MEYER, Paul Georg (1975): Satzverknüpfungsrelationen. Tübingen: Narr.

MUSCHG, Adolf (1974): Albissers Grund. Frankfurt am Main: Suhrkamp Taschenbuch.

RUDOLPH, Elisabeth (1982a): "Zur Problematik der Konnektive des kausalen Bereichs". FRITSCHE (ed.): 146-244. Dort auch weitere Literaturangaben.

--- (1982b): "Haben Konjunktionen auch eine semantiche oder nur eine syntaktiche Funktion?". Grazer Linguistische Studien 16: 168-187.

VERZEICHNIS DER AUTOREN UND HERAUSGEBER

ANDERS, Karl. Gräfstr. 76
D - 6000 Frankfurt.

CUYCKENS, Hubert. University of Antwerp (UIA), Dept. of Germanic Philology, Universiteitsplein 1, B - 2610 Wilrÿk.

DORFMÜLLER-KARPUSA, Käthi. Universität Bielefeld, Universitätsstr.1, D - 4800 Bielefeld 1.

HARNISCH, Karl-Rüdiger. Universität Bayreuth, Postfach 3008, D - 8580 Bayreuth.

KÖRNER, Karl-Hermann. Technische Universität Braunschweig, Romanisches Seminar, D-- 3300 Braunschweig.

KRENN, Herwig. Ruhr-Universität Bochum, Romanisches Seminar, Postfach 102148, D - 4630 Bochum 1.

KVAM, Sigmund. Östfold Distriktshögskole, Os allè 9, N - 1750 Halden.

LECLERE, Pierre. Universität des Saarlandes. Im Stadtwald, D - 6600 Saarbrücken.

LIEBE-HARKOST, Marie-Louise. Eduard-Schmidt-Str.11, D - 8000 München 90.

LUTZEIER, Peter R. FU Berlin, Fachbereich 16 , Germanistik, Habelschwerdter-Allee 45, D - 1000 Berlin 33..

POTT, Hartmut. Alt Griesheim 10c, D - 6230 Frankfurt-80.

REULE, Gerhard. FU Berlin, Habelschwerdter Allee 45, D - 1000 Berlin 33.

ROBERING, Klaus. Westf. Wilhelms Universität, Germanistisches Institut, Abtlg. Dt. Sprache, D - 4400 Münster

ROHDENBURG, Günter. Universität Münster, Johannnisstraße 12-20, D - 4400 Münster.

RUDOLPH, Elisabeth. Lentersweg 46, D - 2000 Hamburg 63.

SROKA, Kazimierz A. Pomorska 15 A 30, PL- 80-333 Gdańsk - Oliwa

TEN CATE, Abraham P. Valegroop Duits R.U., Grote Rozenstraat 15, NL - 9712 TG Groningen

WIESE, Richard. Universität Düsseldorf, Universitätsstr.1, D - 4000 Düsseldorf 1.

FSC
www.fsc.org
MIX
Papier | Fördert gute Waldnutzung
FSC® C083411

Kolibri 360 GmbH
Ferdinand-Jühlke-Straße 7
99095 Erfurt, Deutschland
produktsicherheit@kolibri360.de